热带医学特色高等教育系列教材

分析化学实验

周 丹 主编

中山大学出版社
SUN YAT-SEN UNIVERSITY PRESS

·广州·

图书在版编目（CIP）数据

分析化学实验/周丹主编. —广州：中山大学出版社，2020. 12
（热带医学特色高等教育系列教材）
ISBN 978 - 7 - 306 - 07038 - 8

Ⅰ. ①分… Ⅱ. ①周… Ⅲ. ①分析化学—化学实验—高等学校—教材 Ⅳ. ①O652.1

中国版本图书馆 CIP 数据核字（2020）第 215789 号

出 版 人：王天琪
项目策划：徐　劲
策划编辑：吕肖剑
责任编辑：周明恩
封面设计：林绵华
责任校对：姜星宇
责任技编：何雅涛
出版发行：中山大学出版社
电　　话：编辑部 020 - 84111996，84110283，84111997，84110771
　　　　　发行部 020 - 84111998，84111981，84111160
地　　址：广州市新港西路 135 号
邮　　编：510275　传　真：020 - 84036565
网　　址：http：//www.zsup.com.cn　E-mail：zdcbs@mail.sysu.edu.cn
印 刷 者：广州一龙印刷有限公司
规　　格：787mm×1092mm　1/16　10 印张　257 千字
版次印次：2020 年 12 月第 1 版　2024 年 12 月第 2 次印刷
定　　价：36.00 元

《分析化学实验》编委会

Preface 前　言

　　分析化学是一门实践性的学科，以解决实际问题为目的。因此，实验教学是分析化学教学的一个重要环节，应该引起足够的重视。分析化学实验，使学生加深理解和巩固在分析化学课堂中所学的理论知识，并正确熟练地掌握化学分析法的基本操作和技能；培养学生良好的实验习惯、实事求是的科学态度和严谨细致的工作作风，以及独立思考、分析问题、解决问题的能力；使学生逐步地掌握科学研究的技能和方法，为学习后续课程和将来工作奠定良好的实践基础。

　　本教材是在我校原有的"分析化学实验讲义"的基础上，根据各专业的特点，汇集了近年来教学改革和课程建设的成果和优秀的教学经验，按照"简明、易读和突出实用性"的原则，由长期从事实验教学一线的教师和教辅人员编写的。本教材注重强调分析化学理论基础在分析实践中的指导作用，同时注重学生的生命安全和实验室安全；充分考虑新办专业的特点，编写内容既保留了经典、技术成熟的基础实验和验证性质实验，同时又考虑医学检验、生物技术、环境科学专业特点，开设针对各个专业的综合实验和设计型实验，体现专业与分析化学学科的交叉和融合。本教材的"拓展知识阅读"部分介绍分析科学领域内的诺贝尔奖或科学家的小故事，在增添趣味性的同时，激发学生的学习兴趣，培养他们严谨认真的科学态度。最后，结合相关职业资格考试历年试题、各类实验技能大赛考查要点等设计了模拟试卷和实验操作考核表。

　　因此，本教材既可以作为医学检验、环境科学、生物技术专业的分析化学实验教材，也可以作为各专业各类实验操作技能大赛和职业资格考试的辅导用书。学生在学习过程中，逐步养成独立分析、解决问题的能力，科学的思维方法，严谨的科学态度，为今后的学习和工作奠定基础。

参与编写的教师按编写章节先后顺序是周丹、翟锐锐、关薇薇、姚瑰玮、陈湛娟、艾朝辉。特别感谢符小文教授，她作为本书的主审，对保证教材的质量起到至关重要的作用。

由于编者水平有限，书中一定还有不妥之处，敬请读者批评指正。

Contents

目　录

第一章 | 分析化学实验
基础知识

第一节 分析化学实验课程要求

一、分析化学实验的任务

分析化学实验是分析化学课程的重要组成部分，是一门实践性很强的学科，实验教学最重要的任务是发展学生查阅、动手、思维、想象和表达的能力，重点是培养学生观察问题、分析问题和解决问题的能力，加强学生对"量"的概念的认识。它是在老师指导下进行的一种特殊形式的科学实践活动，是学生走向社会独立进行科学实践的预演。

学生通过本课程的学习，可以加深对化学基础理论、基本知识的理解，正确且较熟练地掌握分析化学实验技能和基本操作，提高观察、分析和解决问题的能力，养成严谨的工作作风和实事求是的科学态度，树立严格的"量"的概念，为学习后续课程、未来的科学研究及实际工作打下良好的基础。

二、分析化学实验的基本要求

（1）实验前认真预习，写预习报告。领会实验原理，了解实验步骤和注意事项，做到心中有数。实验前，可以先写好实验报告的部分内容、列好表格、查好有关数据，以便实验时及时、准确地记录和进行数据处理。

（2）不能迟到、早退。学生一般要提前到实验室，离开实验室须经实验老师允许。

（3）严格按照操作规范进行实验。认真操作，基本操作规范化，熟练掌握基本实验技能。仔细观察实验现象，并及时记录。要善于思考，学会运用所学理论知识解释实验现象，研究实验中的问题。

（4）养成良好的实验习惯。保持实验室卫生、肃静，仪器摆放整齐，保持实验台和整个实验室的整洁，不乱扔废纸杂物，保持水池清洁。

（5）认真完成实验报告。实验报告一般在实验室完成，离开实验室前交给老师。实验报告格式要规范化，或按指导教师的要求写。若在实验室不能完成实验报告，实验后应尽快写好实验报告，及时交给实验指导教师。实验报告要求书写工整、字迹清晰、语言简洁、表述规范。

（6）值日。实验后，将实验台、试剂瓶等擦拭干净，将垃圾倒在指定位置。值日生负责打扫地面和通风橱等，离开实验室前，关好实验室的煤气、水、电源和门窗等。

（7）爱护公物，注意节约。注意节约实验试剂和用品。爱护公物，损坏仪器要按规定及时赔偿。

（8）注意安全。禁止在实验室内吃东西。实验过程中，注意不要将腐蚀性、有毒的试剂溅到皮肤上，出现意外应及时处理。

三、分析化学实验课程成绩评定

分析化学实验课程的成绩由实验平均成绩、实验操作考核两部分构成。

（一）实验平均成绩

实验平均成绩是指所有实验成绩的平均值，占总成绩的80%。

学生的实验成绩按百分制计算，主要由出勤、预习、实验操作、实验报告和实验室的整理等部分构成。

1．出勤（5%）

出勤占5%。若出现迟到、早退、缺勤等情况，此部分不计分。

2．预习（10%）

学生上课前，要认真预习实验内容，熟悉实验目的、实验原理、实验步骤和注意事项，并书写和上交预习报告。教师在上课期间会随机抽查预习情况。

3．实验操作（40%）

能规范地操作实验仪器。实验过程正确合理，及时记录数据。实验完成后，须将实验数据交给教师审阅后，方可书写实验报告。

4．实验报告（40%）

实验报告的格式参见"第一章第五节"中"实验报告的基本格式"。

5．实验室的整理（5%）

实验结束后，须将所用仪器清洗干净。实验桌面按要求整理干净，并做好值日工作。

（二）实验操作考核

实验操作考核是指，在实验课结束前，教师对学生的实验操作情况进行考核并评分，占总成绩的20%。学生须在指定时间内完成某一实验操作，教师根据评分标准（见附录九）对学生实验操作情况进行评分。

（周　丹）

第二节　实验室安全

化学实验室是开展实验教学的主要场所。保护实验人员的安全和健康，防止环境污染，保证实验安全有效地进行是化学实验教师工作的重点。根据实验室工作的特点，实验室安全包括防火、防爆、防毒、保证压力容器和气瓶的安全以及防止环境污染等方面。

一、实验室用火用电安全

（1）实验室内应具备灭火用具、个人防护器材和急救箱。

（2）使用燃气热源装置，应经常对气罐或管道进行检漏，避免发生泄漏，引起火灾。

（3）加热易燃试剂时，必须使用水浴、油浴或电热套，绝不可使用明火。若加热温度可能达到被加热物质的沸点时，必须加入沸石，以防暴沸伤人，且实验人员不可离开实验现场。

（4）加热器不可直接放在木质台面上，应放在石棉板或耐火砖上。加热期间，要有人看管。加热后的坩埚、蒸发皿等注意不能与湿的物体接触，以免炸裂；应放在石棉网上，以免烫坏实验台，引起火灾。

（5）易发生爆炸的操作不可对着人进行，必要时，实验人员须戴面罩或其他防护器材。

（6）煤气灯、电炉周围严禁有易燃物品。电烘箱周围严禁放置易燃、可燃及挥发性液体。不能在电烘箱里烘烤含易燃蒸汽的物体。

（7）所有电器必须由专业人员安装。在使用电器时，应先详细了解其操作说明，并按要求去做。

（8）所有电器的用电量须与实验室的供电及端口匹配，绝不可超负荷运行，以免发生事故。任何时候发现有用电问题时，首先要关闭电源。

二、实验室试剂安全

（1）一切药品和试剂须有与其内容物相符的标签。剧毒药品严格遵守专人保管、领用制度。

（2）严禁试剂入口及以鼻直接接近瓶口进行鉴别。如需鉴别，用手轻轻在瓶口上方煽动，稍闻即可。

（3）处理有毒的气体、产生蒸汽的药品及有毒有机溶剂（如硫化氢、汞、砷化物、甲醇、乙腈等）必须在通风橱内进行操作。

（4）取用腐蚀性药品（如强酸、强碱、氢氟酸、溴水等）尽可能戴上防护眼镜和手套。操作后，应立即洗手。稀释强酸强碱尤其是浓酸时，应将浓酸缓缓注入水中，同时用玻璃棒不停地搅拌，切勿将水倒入浓酸中。

（5）不许随意混合各种化学药品或试剂，以免发生意外事故。实验室所有药品和试剂不准私自带离实验室。

（6）易燃液体的废液应设置专用容器收集，不得随意倒入下水道，以免引起燃烧或爆炸事故。倾倒易燃液体时应远离火源，以免着火。易燃液体不小心撒到手上或身上时，应立即清洗干净，不得靠近灯火。

（7）易爆炸类试剂（如高氯酸、苦味酸、过氧化氢等）应置于低温处保管，不可与其他易燃物放在一起。易燃易爆试剂（如乙醚、乙醇、苯、丙酮等）使用时应远离明火和热源，使用完毕后及时盖紧瓶塞，放于阴凉处保存。

三、实验室事故处理

（1）创伤。被玻璃、铁器等刺伤时，先将伤处碎玻璃或铁器取出，再用碘伏消毒或双氧水（3% H_2O_2）溶液抹拭。伤势较重时应立即送医院治疗。

（2）烫伤。不要用水冲洗患处。烫伤不重时，可涂抹甘油、万花油或者用蘸有酒精的棉花包扎伤处。烫伤较重时，立即用蘸满饱和苦味酸溶液（或饱和高锰酸钾溶液）的棉花或纱布贴上。伤势较重时，应立即送医院治疗。

（3）受浓酸腐蚀致伤。若浓酸灼伤皮肤，应立即用自来水冲洗。浓酸灼伤皮肤时，水洗后用3% 碳酸氢钠（$NaHCO_3$）溶液（或稀氨水、肥皂水）处理，最后再用水冲洗。有酸液溅入眼内时，立即用实验室安装的洗眼器冲洗眼睛后送医院治疗，在医生指导下用药。

（4）受浓碱腐蚀致伤。应立即用自来水冲洗。浓碱灼伤皮肤时，水洗后用1%乙酸（CH_3COOH）溶液处理，再用水冲洗。有碱液溅入眼内时，立即用实验室安装的洗眼器冲洗眼睛后送医院治疗，在医生指导下用药。

（5）吸入氯气、氯化氢气体时，可吸入少量乙醇和乙醚的混合蒸汽用以解毒。吸入硫化氢气体而感到不适时，立即到室外呼吸新鲜空气。严重者立即送医院治疗。

（6）皮肤被溴或酚灼伤时，应立即用大量的有机溶剂（如酒精、汽油）洗去溴或酚，最后在伤处涂抹甘油。严重者立即送医院治疗。

（7）毒物进入口内。把5～10 mL质量分数为1%的稀硫酸铜溶液加入1杯温水中。内服后，用手指伸入咽喉部促使呕吐，再送医院治疗。严重者立即送医院治疗。

（8）火灾。不慎失火时，应立即切断电源，打开窗户，熄灭附近的明火，将周围的可燃性液体移远，同时迅速将火扑灭。

①有机溶剂或油类着火时，火势小，可用湿抹布或沙子扑灭，切勿用水灭火。火势大时，可用二氧化碳灭火器或酸碱泡沫式灭火器扑灭。

②电着火时，首先切断电源，并用四氯化碳灭火器扑灭。

③衣服着火时，不要惊慌乱跑，须镇静，此时就地打滚便能迅速将火熄灭。

（9）触电。应迅速切断电源，必要时进行人工呼吸。严重者立即送医院治疗。

四、实验室废液的安全处理

（1）酸碱废液。可先过滤出其中的不溶物（不溶物可集中回收处理），滤液加入相应的酸或碱调pH至7左右后排放。

（2）铬酸废液。废液可用高锰酸钾氧化使其再生，重复使用。少量铬酸废液可加入废碱液或石灰，使其生成3价铬沉淀，过滤，沉渣回收。为了保护环境和地下水资源，应尽量少用铬酸洗涤剂。

（3）含氰废液。由于氰化物是剧毒物质，含氰废液必须认真处理。对于少量含氰废液，可用氢氧化钠调节pH至10以上，加入过量高锰酸钾溶液，使CN^-氧化分解。若CN^-含量高，可加入过量的次氯酸钙和氢氧化钠。

（4）含汞废液。将废液调节pH为8～10，加入过量的硫化钠，使其生成硫化汞沉淀，并加入硫酸亚铁生成硫化亚铁沉淀，将硫化汞吸附下来。静置并让沉淀物沉降后，排放上层清液。

（5）含砷废液。加入氧化钙，调节pH至8，生成砷酸钙和亚砷酸钙沉淀。或调节pH至10以上，加入硫化钠与砷反应，生成难溶低毒的硫化物沉淀。

（6）含铅、镉废液。用消石灰将pH调为8～10，使铅离子、镉离子生成氢氧化物沉淀，加入硫化亚铁作为共沉淀剂，使之沉淀。

（7）含氟废液。可加入石灰生成氟化钙沉淀。

（翟锐锐）

第三节　分析化学实验的一般知识

一、分析实验室用水

分析实验室中所用的水必须先经过纯化。根据实验要求不同，对水的纯度要求也不同。实验室用水常有蒸馏水、二次蒸馏水、去离子水等。

（一）实验用水规格

中华人民共和国国家标准（GB/T 6682-2008）《分析实验室用水规格及试验方法》规定，分析实验室用水共分为三个级别：一级、二级和三级，如表1-1所示。

表1-1　分析实验室用水国家标准

名称	一级	二级	三级
pH 范围（25 ℃）	—	—	5.0～7.5
电导率（25 ℃）/（mS/m）	≤0.01	≤0.10	≤0.50
可氧化物质含量（以 O 计）/（mg·L^{-1}）	—	≤0.08	≤0.4
吸光度（254 nm，1 cm 光程）	≤0.001	≤0.010	—
蒸发残渣（105℃±2℃）/（mg·L^{-1}）	—	≤1.0	≤2.0
可溶性硅（以 SiO$_2$计）/（mg·L^{-1}）	≤0.01	≤0.02	—

一级水用于有严格要求的分析试验，如高效液相色谱分析用水。二级水用于无机痕量分析等试验，如原子吸收光谱分析用水。三级水用于一般化学分析试验。

（二）纯水的制备

1. 蒸馏水

将自来水在蒸馏器中加热汽化，再冷凝得到蒸馏水。蒸馏水中所含杂质比自来水少得多，但仍含有少量金属离子杂质，可达到三级水的指标。

蒸馏水通常保存在玻璃容器中。为了保证蒸馏水的纯净，蒸馏水瓶须加塞，专用虹吸管内外应洁净。为了防止污染，蒸馏水瓶不应存放在浓盐酸、氨水等易挥发试剂附近。

2. 二次蒸馏水

将蒸馏水用硬质或石英蒸馏器进行二次蒸馏得到二次蒸馏水，也称重蒸水。制作方法是在蒸馏水中加入少量的试剂（如 KMnO$_4$的碱性溶液、甘露醇等）以抑制某些杂质的挥发，重新蒸馏时，弃去头液和尾液各1/4，收集中段的重蒸水。二次蒸馏水可达到二级水指标。

二次蒸馏水须保存在石英或聚乙烯塑料容器中。

3．去离子水

自来水或蒸馏水经离子交换树脂柱交换后，去除水中的阴离子和阳离子，得到去离子水。去离子水纯度比蒸馏水高，可达到二级水或一级水指标，但可能仍会存在有机物或胶体物质。将去离子水重蒸可得到高纯水。

去离子水须保存在聚乙烯塑料容器中。

4．特殊实验室用水

对有特殊要求（如不含氨、氯、CO_2 或有机物）的实验室用水，制备方法如下。

（1）无氨蒸馏水。向蒸馏水中加入硫酸调至 pH < 2，使水中的氨（或胺）转化为不挥发的盐类，重蒸。

（2）无氯蒸馏水。向蒸馏水中加入还原剂（如 Na_2SO_3），将水中的余氯还原成氯离子，再用硬质全玻璃蒸馏器蒸馏。

（3）无二氧化碳蒸馏水。将蒸馏水煮沸至少 10 min，加盖冷却；或将惰性气体通入蒸馏水中。

（4）无有机物蒸馏水。向蒸馏水中加入高锰酸钾的碱性溶液再蒸馏。蒸馏过程中，保持高锰酸钾的紫红色不褪色，否则应及时补加高锰酸钾。

（三）水纯度检验

实验室用水的主要技术指标有 pH、电导率、可氧化物质，如表 1 - 1 所示。测定水质纯度的方法有化学分析法和电导法两种。化学分析法能比较准确地测定水中各种不同杂质的成分和含量，但分析过程复杂费时，操作烦琐。电导法快速，可进行连续检测。水质纯度的主要指标是电导率，常用电导法测定。

二、化学试剂

（一）化学试剂的规格

化学试剂的纯度影响分析结果的准确度。化学试剂的规格是以其纯度和所含杂质的含量来划分的。化学试剂共分为四级，分别为优级纯、分析纯、化学纯和实验室试剂。试剂的分级、用途、标签颜色及缩写符号见表 1 - 2。

表 1 - 2 化学试剂的规格

级别	中文名称	纯度缩写符号	用途	标签颜色
一级	优级纯	GR	作基准物质和精密分析工作	绿色
二级	分析纯	AR	一般分析实验	红色
三级	化学纯	CP	一般分析实验	蓝色
四级	实验室试剂	LR	作辅助试剂	棕色或其他颜色

化学试剂除了上述几个等级外，还有标准试剂、光谱纯、色谱纯等。标准试剂，又称基准试剂，是指用于衡量其他物质化学量的标准物质，其纯度相当或高于优级纯试剂，专作滴定分析的基准物质，用来直接配制标准溶液或标定标准溶液。光谱纯试剂是在光谱分

析中作为标准物质使用的，是以光谱分析时出现的干扰谱线强度大小来衡量的，其杂质常低于某一限度，光谱分析方法检测不出。色谱纯是指在色谱分析中使用的标准试剂，是在最高灵敏度下以 10^{-10} g 下无杂质峰来表示的。

试剂的质量直接影响分析结果，决定实验的成败。但选用试剂时并不能一味追求高纯度，而应根据所做实验的具体情况，如分析方法的灵敏度、分析对象的含量等。合理选择试剂，既不超规格引起浪费，又不随意降低规格影响分析结果的准确度。

（二）试剂的使用

试剂取用原则是既要质量准确，又必须保证试剂的纯度（不受污染）。

1．固体试剂的取用

使用干净的药品匙取固体试剂，药品匙不能混用。实验后洗净、晾干，下次再用，避免沾污药品。要严格按量取用药品。"少量"固体试剂，对一般常量实验是指半个黄豆粒大小的体积，对微型实验是指常量的 1/5 ~ 1/10 体积。多取试剂不仅浪费，往往还影响实验效果。一旦取多了，可放在指定容器内或给他人使用，一般不许倒回原试剂瓶中。

2．液体试剂的取用

液体试剂装在细口瓶或滴瓶内。实验中使用的试剂或配制好的溶液应及时贴上标签，包括名称、浓度、日期等。

（1）从滴瓶中取用试剂。从滴瓶中取用试剂时，应先提起滴管离开液面，捏瘪胶帽后赶出空气，再插入溶液中吸取试剂。滴加溶液时滴管要垂直，这样滴入液滴的体积才能准确；滴管口应距接收容器口（如试管口）0.5 cm 左右，以免与器壁接触沾染其他试剂，使滴瓶内试剂受到污染。从滴瓶取出较多溶液时，可直接倾倒。先排除滴管内的液体，然后把滴管夹在食指和中指间倒出所需量的试剂。滴管不能倒持，以防试剂腐蚀胶帽使试剂变质。不能用自己的滴管取公用试剂。若试剂瓶不带滴管又需取少量试剂，则可把试剂按需要量倒入小试管中，再用自己的滴管取用。

（2）从细口瓶中取用试剂。采用倾注法取用。先将瓶塞反放在桌面上，倾倒时瓶上的标签要朝向手心，以免瓶口残留的少量液体顺瓶壁流下而腐蚀标签。瓶口靠紧容器，使倒出的试剂沿玻璃棒或器壁流下。倒出需要量后，慢慢竖起试剂瓶，使流出的试剂都流入容器中，一旦有试剂流到瓶外，要立即擦净。切记不允许试剂沾染标签。

（3）取试剂的量。在试管实验中经常要取"少量"溶液，这是一种估计体积，对常量实验是指 0.5 ~ 1.0 mL，对微型实验一般指 3 ~ 5 滴，根据实验的要求灵活掌握。要会估计 1 mL 溶液在试管中占的体积和由滴管加的滴数相当的毫升数。

根据准确度和量的要求，准确量取溶液，选用量筒、移液管或滴定管。用吸量管吸取液体试剂时，应先将少量液体试剂倒入干燥的小烧杯润洗后，再插入原试剂瓶中吸取，注意不允许用同一吸量管同时吸取两种试剂。

3．试剂使用时还需注意的事项

（1）取用试剂时，应将瓶塞倒立放置在实验台上。取出试剂后，应立即盖好瓶塞，以免试剂吸潮或变质。不允许将瓶塞弄错，否则试剂会被污染。

（2）取用试剂时，要按"量用为出，只出不进"的原则，多余的试剂不允许倒回原试剂瓶中。

（三）试剂的保存

化学试剂必须妥善保存，以防变质。

（1）易腐蚀玻璃的试剂应保存在塑料瓶或涂有石蜡的玻璃瓶中，如氢氟酸、氢氧化钠、氢氧化钾等。

（2）见光易分解、易氧化、易挥发的试剂应保存在棕色瓶中，并放置在暗处，如双氧水、硝酸银、高锰酸钾、草酸等见光易分解的物质，氯化亚锡、硫酸亚铁、亚硫酸钠等易氧化的物质，溴、氨水及大多数有机溶剂等易挥发的物质。

（3）吸水性强的固体试剂应严格密封保存，如无水碳酸钠、氢氧化钠、过氧化物等。

（4）易相互作用、易燃易爆的试剂应分开贮存在阴凉通风的地方，如酸与氨水、氧化剂与还原剂等易相互作用的物质，有机溶剂等易燃的物质，氯酸、过氧化氢、硝基化合物等易爆的物质。

（5）剧毒试剂应专门保管，严格取用手续，防止中毒，如氰化物、氢氟酸、氯化汞、三氧化二砷等剧毒物质。

三、标准溶液的配制

标准溶液是指浓度准确已知的试剂溶液。标准溶液的配制方法有直接法和间接法两种。

（一）直接法

用分析天平准确称取一定质量的基准物质，溶解并转移至容量瓶中，用水稀释至刻度，摇匀。根据物质的质量和溶液的体积，计算溶液的准确浓度。只有基准物质或标准物质才能采用直接法配制，如重铬酸钾、草酸钠等。作为基准物质应具备以下条件：

（1）试剂的组成与化学式完全符合。

（2）试剂纯度高、性质稳定。

（3）能按反应方程式定量进行反应，没有副反应。

（4）具有较大的摩尔质量。

例如，称取 4.925 0 g 基准 $K_2Cr_2O_7$，用水溶解后转移至 1 L 容量瓶中，用水稀释至刻度，则 $K_2Cr_2O_7$ 标准溶液的准确浓度为：

$$c_{K_2Cr_2O_7} = \frac{m_{K_2Cr_2O_7}}{M_{K_2Cr_2O_7}V} = \frac{4.925\ 0}{294.18 \times 1.000} = 0.016\ 74(\text{mol} \cdot \text{L}^{-1})$$

（二）间接法

许多物质不符合基准物质的条件，不能用直接法配制标准溶液，而采用间接法（也称为标定法）。即先配制成近似浓度的溶液，再用基准物质或其他标准溶液标定其准确浓度。例如，盐酸溶液采用间接法配制，先配制成近似浓度，再用无水 Na_2CO_3（或硼砂）来标定（见实验三），也可用 NaOH 标准溶液进行标定。

例如，准确移取 20.00 mL 0.096 07 mol·L^{-1} NaOH 标准溶液于锥形瓶中，以甲基橙为指示剂，用 HCl 滴定至溶液颜色由黄色变为橙色，消耗 HCl 标准溶液 19.35 mL。则

HCl 标准溶液的准确浓度为：

$$c_{HCl} = \frac{c_{NaOH} \cdot V_{NaOH}}{V_{HCl}} = \frac{0.096\ 07 \times 20.00}{19.35} = 0.099\ 30(mol \cdot L^{-1})$$

需要注意，标定一般进行 3 ～ 4 次平行测定，相对平均偏差在 0.2% 以内。标定好的溶液，应密闭保存。每次取用标准溶液前，应将溶液充分摇匀，以防由于水分蒸发附着在瓶壁上而使溶液浓度变化。对于一些性质不稳定的溶液应定期标定，如高锰酸钾。

（周　丹）

 ## 第四节　分析过程的一般步骤

一、分析过程的一般步骤

分析过程是获取物质化学信息的过程，一般包括制订计划、采样、样品的制备、样品的测定、结果的处理和表达五部分。

（1）制订计划。首先必须明确实验所需解决的问题，即任务。根据任务制订初步研究方案，包括采用的方法、准确度和精密度的要求、所需的实验条件（如仪器、试剂等）。然后，了解试样的来源、测定的对象、样品数量、影响测定的因素等。

（2）采样。采样时应注意分析的实际试样具有代表性，能代表待测的整个物质系统。因此，应根据分析的具体情况采用科学取样法，从分析对象的总试样中取出有代表性的试样进行分析。

（3）样品的制备。样品的制备是指将样品处理成分析测定时所需要的状态，消除可能存在的干扰。样品的制备过程可能包括干燥、粉碎、溶解、过滤、提取、分离等步骤。此外，应进行空白试验或回收试验来估计样品制备过程中可能带来的误差。

（4）样品的测定。根据被测组分的性质、含量和对分析测定的要求等，选择合适的测定方法进行测定。分析方法选定后，在分析测定过程中，应全面考虑分析条件的选择和优化，并进行分析质量认证（包括准确度、精密度、检出限、定量限或线性范围等），以确保分析结果符合要求。

（5）结果的处理和表达。运用统计学的方法对分析测定得到的数据进行处理，并正确表达分析结果，按要求形成书面报告。

二、分析结果的表示

分析结果通常以单位质量（或单位体积）内所含被测物质的量来表示，表示方法随样品状态的不同而不同。

（1）固体样品。固体试样的分析结果常用质量分数 ω_B 表示，定义为被测组分 B 的质量（m_B）与样品的质量（m_S）之比，单位为1，也可用"%"表示。计算公式如下。

$$\omega_B = \frac{m_B}{m_S} \tag{1-1}$$

（2）液体样品。液体样品的分析结果一般用物质的量浓度 c_B 或质量浓度 ρ_B 表示。

物质的量浓度 c_B 定义为被测组分 B 的物质的量（n_B）与样品的体积（V）之比，单位为 $mol \cdot L^{-1}$。计算公式如下。

$$c_B = \frac{n_B}{V} = \frac{m_B}{M_B V} \tag{1-2}$$

质量浓度 ρ_B 定义为被测组分 B 的质量（m_B）与样品的体积（V）之比，单位为 $g \cdot L^{-1}$ 或 $mg \cdot L^{-1}$。计算公式如下。

$$\rho_B = \frac{m_B}{V} \tag{1-3}$$

（3）气体样品。气体样品的分析结果一般可用质量浓度 ρ_B 或体积分数 φ_B 表示。

体积分数 φ_B 定义为被测组分的体积（V_B）与样品的体积（V）之比，单位为1。计算公式如下。

$$\varphi_B = \frac{V_B}{V} \tag{1-4}$$

（周　丹）

 第五节　分析化学实验数据的记录与处理

一、有效数字

（一）有效数字的位数

有效数字是指分析工作中实际能测量到的数字。有效数字的位数包括所有的准确数字和一位可疑值。在记录数据时，应保留几位有效数字，是由分析方法和仪器的准确度决定的。因此，绝不能随意地增加或减少有效数字的位数。例如，用万分之一的分析天平称量时，样品的质量值应记录至 0.000 1 g；使用滴定管、移液管、吸量管时，样品的体积值应记录至 0.01 mL。因此，用移液管移取 20 mL NaOH 标准溶液，应记录为 $V_{NaOH} = 20.00$ mL，

而记录为 $V_{NaOH} = 20$ mL 则是错误的。

在分析结果的处理中，涉及有效数字不同的数据运算时，要注意修约和运算规则。

（二）修约规则

有效数字的修约通常采用"四舍六入五成双"的规则。在对计算过程中的数据（不是最终结果）进行修约时，应多保留一位有效数字。

（三）运算规则

加减运算时，保留有效数字的位数，应以小数点后位数最少的数据为准。乘除运算时，保留有效数字的位数，以位数最少的数为准。

在实验过程中，可先使用计算器计算，再对运算结果进行正确的修约。

二、实验数据的记录

分析过程中需要记录一些测量数据，如称量某试样的质量、消耗某标准溶液的体积等。实验数据记录时需注意以下几点：

（1）学生必须有专供记录数据的实验记录本，标上页数，不得撕去任何一页（或与实验预习本同用，将实验数据记录在预习报告之后）。绝不允许将数据记在单页纸、小纸片上，或随意记在其他地方。实验数据应按要求记在实验记录本或实验报告本上。

（2）实验过程中的各种测量数据及有关现象，应及时、准确而清楚地记录下来。记录实验数据时，要有严谨的科学态度，要实事求是，切忌夹杂主观因素，绝不能随意拼凑和伪造数据。实验过程中获得的每一个数据，即使是完全相同，也都要如实地记录下来。

实验过程中涉及的各种特殊仪器的型号和标准溶液浓度等，也应及时准确记录下来。

（3）记录数据时，要注意有效数字的位数。

（4）实验中的数据记录应整齐、清楚，一般采用表格形式。在实验过程中，如果发现数据算错、测错或读错而需要改动时，可将数据用一横线划去，并在其上方写上正确的数字，不得涂黑或直接涂改。

三、实验数据的处理

分析实验中一般进行 $3 \sim 4$ 次平行测定，获得数据 $x_1, x_2, \cdots, x_n$，通常用平均值 $\bar{x}$ 表示测量结果，用平均偏差 $\bar{d}$、相对平均偏差 $\bar{d}_r$、标准偏差 S、相对标准偏差 RSD 等衡量分析结果的精密度。

（1）平均值 $\bar{x}$。

$$\bar{x} = \frac{x_1 + x_2 + \cdots + x_n}{n} \tag{1-5}$$

（2）平均偏差 $\bar{d}$。平均偏差是指测量值的绝对偏差的绝对值的算术平均值。数学表达式如下。

$$\bar{d} = \frac{\sum |x_i - \bar{x}|}{n} \tag{1-6}$$

（3）相对平均偏差 $\bar{d}_r$。相对平均偏差是指平均偏差在平均值中所占的百分率。数学表达式如下。

$$\bar{d}_r = \frac{\bar{d}}{\bar{x}} \times 100\% = \frac{\sum |x_i - \bar{x}|}{n \cdot \bar{x}} \times 100\% \qquad (1-7)$$

（4）标准偏差 S。

$$S = \sqrt{\frac{\sum_{i=1}^{n} (x_i - \bar{x})^2}{n-1}} \qquad (1-8)$$

（5）相对标准偏差 RSD。相对标准偏差，也称变异系数，是指标准偏差在平均值中所占的百分率。用 RSD 表示，数学表达式如下。

$$RSD = \frac{S}{\bar{x}} \times 100\% \qquad (1-9)$$

对分析化学实验数据的统计学处理，如置信度、置信区间、可疑值的取舍、显著性检验等，可参考分析化学理论教材。

对分析化学实验数据处理的方法，特别是大宗数据的处理，常用列表法。即，做完实验后，应该将获得的大量数据，尽可能整齐地、有规律地列表表达出来，以便处理运算。

列表时应注意：每一个表都应有简明完备的名称；在表的每一行或每一列的第一栏，要详细地写出名称、单位等；在每一行中数字排列要整齐，位数和小数点要对齐，有效数字的位数要合理；原始数据可与处理的结果写在一张表上，在表下注明处理方法和选用的公式。

四、预习报告及实验报告的基本格式

1. 预习报告

在实验课上课前，学生应对上课内容做充分的预习，做到心中有数，并认真书写预习报告，交给教师审阅。预习报告一般包括以下几部分内容：

（1）实验名称。

（2）实验目的。

（3）实验原理。简要地用文字和化学反应说明测定方法的原理、实验条件、计算公式等。如标定和滴定反应的方程式、基准物和指示剂的选择、试剂浓度和分析结果的计算公式等。

（4）实验步骤。用流程图形式简要地写出实验步骤，而不是照书全抄。

（5）数据记录。此部分仅列出实验数据记录的表格，方便实验课上记录数据。

（6）注意事项。充分熟悉实验过程中可能出现的问题及解决措施。

2．实验报告

实验完成后，应及时处理实验数据，认真完成实验报告，并在离开实验室前或在指定时间交给老师。

实验报告要求书面整洁，字迹清楚，简明扼要，不允许乱涂乱画。实验报告主要由以下几部分构成：

（1）实验名称、日期、温度。

（2）实验目的。

（3）实验原理。要求简明扼要，一般用文字和化学反应方程式表示。

（4）实验步骤。用流程图形式简要地写出实验步骤。

（5）实验数据的记录与处理。以表格形式列出实验数据。根据实验要求计算实验结果及相对平均偏差，并写出计算过程，即写出公式→代入实验数据→写出结果。

（6）结果。简要地写明本实验的实验结果。

（7）问题与讨论。结合分析化学中相关理论知识，对实验中观察到的异常现象、实验结果的准确度等进行讨论和分析，以提高自己分析问题和解决问题的能力。也对课后思考题进行解答，或对实验提出改进建议等。

上述各项内容的繁简取舍，应根据各个实验的具体情况而定，以清楚、简练、整齐为原则。实验报告中的有些内容，如原理、表格、计算公式等，要求在实验预习时准备好，其他内容则可在实验过程中以及实验完成后填写、计算和撰写。

（周　丹）

第六节　预习报告模板

日期：××年×月×日

实验×　EDTA 法测定水的总硬度

一、实验目的

（1）掌握 EDTA 标准溶液的配制和标定方法。

（2）熟悉用 EDTA 法测定水的总硬度的原理。

（3）掌握水的总硬度的测定方法及其计算。

二、实验原理

1．EDTA 标准溶液的配制和标定

（1）间接法配制，用 $CaCO_3$（100.01 $g \cdot mol^{-1}$）作为基准物标定。

（2）反应式为：

$$Ca^{2+} + H_2Y^{2-} =\!=\!= CaY^{2-} + 2H^+$$

（3）条件：$NH_3 - NH_4Cl$ 缓冲溶液（$pH = 7.0 \sim 10.0$）；铬黑 T（EBT）指示剂终点颜色：紫红色变为纯蓝色。

（4）EDTA 标准溶液浓度的计算公式：

$$c_{EDTA} = \frac{c_{CaCO_3} \cdot V_{CaCO_3}}{V_{EDTA}}$$

2. 水的总硬度的测定

（1）水的总硬度：Ca^{2+} 和 Mg^{2+} 的总量，以 ρ_{CaCO_3} 表示，单位为 $mg \cdot L^{-1}$。

（2）条件：$NH_3 - NH_4Cl$ 缓冲溶液（$pH = 7.0 \sim 10.0$）；铬黑 T（EBT）指示剂终点颜色：紫红色变为纯蓝色；加三乙醇胺掩蔽 Fe^{3+}、Al^{3+} 等干扰离子。

（3）水的总硬度的计算公式：

$$\rho_{CaCO_3} = \frac{c_{EDTA} \cdot V_{EDTA} \cdot M_{CaCO_3}}{V_{水样}}$$

三、实验步骤

1. 0.005 mol·L⁻¹ EDTA 标准溶液的配制

称取 $Na_2H_2Y \cdot 2H_2O$ 0.75 ~ 0.85 g（台秤），溶解，转入聚乙烯塑料瓶。稀释至 500 mL，摇匀，贴上标签。

2. 0.005 mol·L⁻¹ EDTA 溶液的标定

（1）$CaCO_3$ 标准溶液的配制。用分析天平称量 0.050 0 ~ 0.050 5 g（称准至小数点后第四位），用少量水润湿。加入 10 滴 4 mol·L⁻¹ 盐酸，加入少量水稀释。转移并定容至 100 mL，摇匀。

（2）标定。用移液管移取 20.00 mL $CaCO_3$ 标准溶液于锥形瓶中，加入 10 mL $NH_3 - NH_4Cl$ 缓冲液，加 3 滴 EBT 指示剂，用 EDTA 标准溶液滴定至颜色由紫红色变为纯蓝色。记录消耗 EDTA 溶液的体积，平行测定 3 次。

3. 水的总硬度的测定

移取自来水 50.00 mL 于锥形瓶中，加 5 mL pH 为 10 的 $NH_3 - NH_4Cl$ 缓冲液，加入 3 滴 EBT 指示剂，用 EDTA 标准溶液滴定至溶液颜色由紫红色变为纯蓝色。记录消耗 EDTA 溶液的体积，平行测定 3 次。

四、数据记录

0.005 mol·L⁻¹ $CaCO_3$ 标准溶液的配制：

$$m_{CaCO_3} = \underline{\qquad}g, \quad c_{CaCO_3} = \underline{\qquad}mol \cdot L^{-1}, \quad V_{CaCO_3} = \underline{\qquad}mL$$

表 1-3　0.005 mol·L^{-1} EDTA 溶液的标定

项目	1	2	3
V_{CaCO_3} /mL			
V_{EDTA}（初读数）/mL			
V_{EDTA}（终读数）/mL			
V_{EDTA} /mL			

表 1-4　水的总硬度的测定

项目	1	2	3
V_{H_2O} /mL			
V_{EDTA}（初读数）/mL			
V_{EDTA}（终读数）/mL			
V_{EDTA} /mL			

五、注意事项

（1）加 HCl 溶解 CaCO$_3$ 基准试剂时，速度要慢。

（2）配合滴定反应进行较慢，滴定速度不宜太快。

（3）滴定终点颜色不易判断，可采用对比法。

（周　丹）

第七节　实验报告模板

日期：××年×月×日　　　　　温度：×℃　　　报告人：×××

实验×　EDTA 法测定水的总硬度

一、实验目的

（1）掌握 EDTA 标准溶液的配制和标定方法。

（2）熟悉用 EDTA 法测定水的总硬度的原理。

（3）掌握水的总硬度的测定方法及其计算。

二、实验原理

1. EDTA 标准溶液的配制和标定

（1）间接法配制，用 CaCO$_3$（100.01 g·mol^{-1}）作为基准物标定。

（2）反应式为：

$$Ca^{2+} + H_2Y^{2-} \rightleftharpoons CaY^{2-} + 2H^+$$

（3）条件：①NH_3-NH_4Cl缓冲溶液（$pH=7.0 \sim 10.0$）；②铬黑T（EBT）指示剂终点颜色：紫红色变为纯蓝色。

（4）EDTA标准溶液浓度的计算公式：

$$c_{EDTA} = \frac{c_{CaCO_3} \cdot V_{CaCO_3}}{V_{EDTA}}$$

2. 水的总硬度的测定

（1）水的总硬度：Ca^{2+}和Mg^{2+}的总量，以ρ_{CaCO_3}表示，单位为$mg \cdot L^{-1}$。

（2）条件：①NH_3-NH_4Cl缓冲溶液（$pH=7.0 \sim 10.0$）；

②铬黑T（EBT）指示剂终点颜色：紫红色变为纯蓝色；

③加三乙醇胺掩蔽Fe^{3+}、Al^{3+}等干扰离子。

（3）水的总硬度的计算公式：

$$\rho_{CaCO_3} = \frac{c_{EDTA} \cdot V_{EDTA} \cdot M_{CaCO_3}}{V_{水样}}$$

三、实验步骤

1. 0.005 $mol \cdot L^{-1}$ EDTA标准溶液的配制

称$Na_2H_2Y \cdot 2H_2O$ 0.75 ~ 0.85 g（台秤）→溶解→转入聚乙烯塑料瓶→稀释至500 mL →摇匀→贴上标签。

2. 0.005 $mol \cdot L^{-1}$ EDTA溶液的标定

（1）$CaCO_3$标准溶液的配制。用分析天平称量0.050 0 ~ 0.050 5 g（称准至小数点后第四位）→用少量水润湿→加10滴4 $mol \cdot L^{-1}$盐酸→加少量水稀释→转移并定容至100 mL，摇匀。

（2）标定。用移液管移取20.00 mL $CaCO_3$标准溶液于锥形瓶中，加入10 mL NH_3-NH_4Cl缓冲液，加3滴EBT指示剂，用EDTA标准溶液滴定至颜色由紫红色变为纯蓝色。记录消耗EDTA溶液的体积，平行测定3次。

3. 水的总硬度的测定

移取自来水50.00 mL于锥形瓶中，加5 mL pH = 10的NH_3-NH_4Cl缓冲液，加入3滴EBT指示剂，用EDTA标准溶液滴定至溶液颜色由紫红色变为纯蓝色，记录消耗EDTA溶液的体积，平行测定3次。

四、数据记录与处理

0.005 mol·L^{-1} CaCO$_3$标准溶液的配制：

$$m_{CaCO_3} = \underline{0.0501} \text{ g}, c_{CaCO_3} = \underline{0.005\,004} \text{ mol·L}^{-1}, V_{CaCO_3} = \underline{20.00} \text{ mL}$$

表1-5 0.005 mol·L^{-1}EDTA溶液的标定

项目	1	2	3
V_{CaCO_3} /mL	20.00	20.00	20.00
V_{EDTA}（初读数）/mL	0.02	0.03	0.06
V_{EDTA}（终读数）/mL	18.91	18.91	18.92
V_{EDTA}/mL	18.89	18.88	18.86
c_{EDTA}	0.005 298	0.005 301	0.005 306
$\bar{c}_{EDTA}$ /mol·L^{-1}	0.005 302		
相对平均偏差 $\bar{d}_r$	0.057%		

计算公式：$c_{EDTA} = \dfrac{c_{CaCO_3} \cdot V_{CaCO_3}}{V_{EDTA}}$

计算过程：

$$x_1 = c_{EDTA_1} = \frac{c_{CaCO_3} \cdot V_{CaCO_3}}{V_{EDTA_1}} = \frac{0.005\,004 \times 20.00}{18.89} = 0.005\,298(\text{mol·L}^{-1})$$

$$x_2 = c_{EDTA_2} = \frac{c_{CaCO_3} \cdot V_{CaCO_3}}{V_{EDTA_2}} = \frac{0.005\,004 \times 20.00}{18.88} = 0.005\,301(\text{mol·L}^{-1})$$

$$x_3 = c_{EDTA_3} = \frac{c_{CaCO_3} \cdot V_{CaCO_3}}{V_{EDTA_3}} = \frac{0.005\,004 \times 20.00}{18.86} = 0.005\,306(\text{mol·L}^{-1})$$

$$\bar{x} = \bar{c}_{EDTA} = \frac{c_{EDTA_1} + c_{EDTA_2} + c_{EDTA_3}}{3}$$

$$= \frac{0.005\,298 + 0.005\,301 + 0.005\,306}{3} = 0.005\,302(\text{mol·L}^{-1})$$

$$\bar{d}_r = \frac{\sum |x_i - \bar{x}|}{n \cdot \bar{x}} \times 100\%$$

$$= \frac{|0.005\,298 - 0.005\,302| + |0.005\,301 - 0.005\,302| + |0.005\,306 - 0.005\,302|}{3 \times 0.005\,302} \times 100\%$$

$$= 0.057\%$$

表 1-6 水的总硬度的测定

项目	1	2	3
c_{EDTA} /mol·L^{-1}	0.005 302		
V_{H_2O} /mL	50.00	50.00	50.00
V_{EDTA}（初读数）/mL	0.00	0.10	0.03
V_{EDTA}（终读数）/mL	16.42	16.50	16.44
V_{EDTA} /mL	16.42	16.40	16.41
ρ_{CaCO_3} /mg·L^{-1}	174.1	173.9	174.0
$\bar{\rho}_{CaCO_3}$ /mg·L^{-1}	174.0		
相对平均偏差$\bar{d}_r$	0.06%		

计算公式：$\rho_{CaCO_3} = \dfrac{c_{EDTA} \cdot V_{EDTA} \cdot M_{CaCO_3}}{V_{水样}} \times 1000$

计算过程：略

五、结果与讨论

（一）实验结果

（1）经标定，EDTA 标准溶液的准确浓度为 0.005 302 mol·L^{-1}，相对平均偏差为 0.057%。

（2）水的总硬度为 174.0 mg·L^{-1}（以 CaCO$_3$计），相对平均偏差为 0.06%。

（二）讨论

（1）实验过程中终点不易确定，终点的颜色是由紫红色变为纯蓝色，但如果 EDTA 标准溶液过量，溶液仍为纯蓝色。因此，要熟练控制滴定速度，才能清晰看到溶液颜色变化的过程，才能准确控制终点。同时，滴定时准备好 3 份平行样品，1 份在滴定时，其他 2 份可作颜色对比。

（2）今后仍需加强移液管、容量瓶、滴定管的操作练习。

（3）思考题：测定水的总硬度时，为什么要控制溶液的 pH 为 10？

答：测定水硬度，即测定水中钙盐和镁盐的总量。Ca^{2+} 与 EDTA 的反应式可表示为：

$$Ca^{2+} + H_2Y^{2-} \!=\!\!=\!\!= CaY^{2-} + 2H^+$$

由于反应过程中不断释放出 H$^+$，使溶液的酸度增大，从而使反应的 K'_{MY} 降低，滴定突跃范围减少，而且破坏了指示剂变色的最适宜酸度范围。因此，在配位滴定中常加入缓冲溶液以控制溶液酸度。

（周　丹）

第二章 | 分析化学常用仪器与基本操作

第一节 分析天平与称量操作

分析天平是准确称取物质质量的精密仪器，是分析化学实验中最重要的仪器之一。正确使用分析天平是获得准确结果的前提之一。熟练地使用分析天平是实验者必须掌握的一项基本实验技能。因此，了解分析天平的工作原理、结构及其正确使用和维护是十分重要的。

一、电子天平

电子天平根据电磁力补偿原理设计，并由微电脑控制，将被测物质的质量转换成电信号，经模数转换后，以数字形式显示称量结果。其特点是称量速度快，结果准确，有自动检测系统、自动校准装置、超载保护装置等，维修、校准简单方便。

按照结构的不同，分析天平分为机械式天平（杠杆天平）和电子天平两种。实验室广泛采用电子天平进行称量。按其结构的不同，电子天平分为上皿式和下皿式两种。秤盘在支架上面的为上皿式，秤盘吊挂在支架下面的为下皿式。广泛使用的是上皿式电子天平。按电子天平的精度，可将电子天平分为超微量、微量、半微量和常量电子天平。分析化学实验常用半微量电子天平和常量电子天平，规格为最大载荷 100～200 g，感量为 0.1 mg 或更小。

本书各实验中使用的分析天平是指最大载荷 100～200 g，感量为 0.1 mg 的电子天平。本节以 AE100 型电子天平为例，简要介绍电子天平的结构、使用和维护。

1. 电子天平的结构

AE100 型电子天平的结构如图 2-1 所示。

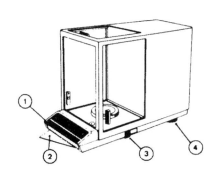

①控制杆；②简单操作说明；③校准杆；④水平位调校螺丝

图 2-1 AE100 型电子天平的结构

2. 电子天平的使用

（1）天平的调整。开机前，确认天平水平仪内的水泡处于圆环的中心，否则调节水平位调校螺丝调整。

（2）开启。接通电源，按下控制杆上"ON"键，显示器自动置零，预热 30 min。

（3）天平的校准。天平在第一次使用前，或在较长时间不用、位置移动、环境变化等情况下，需进行校准操作。该款天平采用外校准法，由 TAR 键清零及 CAL 键、100 g 校准砝码完成。具体操作是：按住控制杆直到显示器出现"CAL"，松开控制杆，显示屏依次显示为"CAL……""CAL100"闪烁。此时，将天平右侧的校准杆向后推到底，显示屏依次显示"CAL……""100.000""CAL0"闪烁时，将校准杆推回到原位，显示变为"……"，接着是"0.0000"。如不为零，可再轻按控制杆的空白处，即显示为"0.0000"。

（4）称量。打开左侧玻璃滑门，放入容器（或装有样品的容器），关闭玻璃滑门，当显示器上绿色圆点熄灭时（稳定时间约为 5 s），记录数据。

（5）关闭。把控制杆轻轻抬起，即可关机。切断电源，做好天平使用情况登记。

3. 电子天平操作注意事项

（1）称量前，注意检查天平水平，检查天平内干燥剂是否失效。

（2）严禁将样品直接放在秤盘上称量，可放在称量瓶（纸）、表面皿、烧杯等容器中称量。易挥发或腐蚀性的样品，需盛放在密闭容器（或称量瓶）中称量。注意容器和样品的总质量不得超过天平的最大载荷。

（3）称量过程中取放容器时，应轻拿轻放，减少震动。容器外部必须干燥。

（4）称量时，应随手关闭玻璃门，防止气流影响称量结果。

（5）天平天窗主要用于天平的安装、调试和维修，称量过程中，不得随意打开。

（6）在同一实验的平行试验中，应使用同一台天平称量。

（7）称量结束后，应用软毛刷清扫天平秤盘及天平内部。做好仪器使用情况登记。

二、标准样品的称量

常用的称量方法有直接称量法、固定质量称量法和递减称量法。

1. 直接称量法

直接称量法是将待称量物放在秤盘上进行直接称量的方法。例如，称量小烧杯的质量，容量仪器校正实验中称量具塞锥形瓶的质量，重量分析实验中称量坩埚的质量等。

2. 固定质量称量法

固定质量称量法，又称增量法，是指先称容器（如表面皿、小烧杯、称量纸等）的质量 m_0，加入样品后再称量容器和样品的总质量 m_1，扣除容器的质量，即为样品的质量 $m = m_1 - m_0$，如图 2-2 所示。

固定质量称量法，通常指称取某一固定的质量，此法适用于称量在空气中稳定的试剂（如基准物质）或试样。

使用固定质量称量法时应注意：若不慎加入试剂超过指定质量，应用牛角匙取出多余试剂。重复上述操作，直至称取的质量符合要求。取出的多余试剂不应放回试剂瓶，应放入指定回收容器内。称好的试剂必须定量地由表面皿等容器直接转入接受容器，此即所谓"定量转移"。

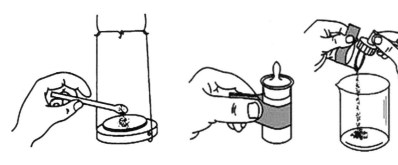

图 2-2　固定质量称量法　　　　图 2-3　递减称量法

3.递减称量法

递减称量法，又称减量法或差减法，是指先将样品装入称量瓶中，称量装有样品的称量瓶总质量 m_1，再倒出部分样品，称量称量瓶总质量 m_2，两次质量之差即为样品的质量 $m=m_1-m_2$，如图 2-3 所示。

递减称量法适用于称量一定质量范围的试剂或样品。由于样品处于密闭的称量瓶中，减少了样品与空气的接触，故常用于称量经干燥或燃烧后的基准物质，在称量过程中易吸潮、易挥发或易与空气中 CO_2 等反应的试剂也可采用此法称量。例如，标定盐酸溶液时，称量基准物质无水 Na_2CO_3 的质量。

使用递减称量法时应注意：一次称量操作难以得到符合质量范围的样品，故可重复操作一两次。称量过程中，不得用手直接接触称量瓶，需用纸带夹住称量瓶或将称量瓶放在秤盘上，以防玷污。

（关薇薇）

 第二节　滴定分析仪器及基本操作

一、常用玻璃仪器

1.普通玻璃仪器

（1）烧杯。烧杯常用于配制溶液、溶解样品等。烧杯可置于石棉网上加热，但不可烧干。烧杯一般带有刻度，可用于粗略估计溶液的体积。常用烧杯有 10 mL、25 mL、50 mL、100 mL、250 mL、500 mL、1000 mL 等规格。

（2）量筒。量筒常用于粗略量取一定体积的液体。量筒不能加热，也不能在量筒中配制溶液或进行化学反应。使用时应注意要沿器壁加入或倒出液体。常用量筒有 5 mL、10 mL、25 mL、50 mL、100 mL、250 mL、500 mL、1000 mL 等规格。

（3）称量瓶。称量瓶是带磨口塞的圆柱形玻璃瓶，有高形和低形两种。高形（筒形）用于称量基准物质、样品等，如称量易吸潮、易吸收 CO_2 的样品。低形（扁形）用于测定水分、干燥失重或在烘箱中烘干的基准物质。

（4）锥形瓶。锥形瓶，又称三角烧瓶，常用于滴定分析。可加热处理样品。

（5）碘量瓶。碘量瓶是一种带磨口塞、水封槽的特殊锥形瓶，专用于碘量法滴定分析。

在滴定分析中，对体积量度的精密度要求不高时，可使用量筒、烧杯等量器粗略量取一定量的液体。但要求准确量取溶液的体积以获得准确的分析结果时，必须使用容量分析仪器，即滴定管、移液管、吸量管和容量瓶等。

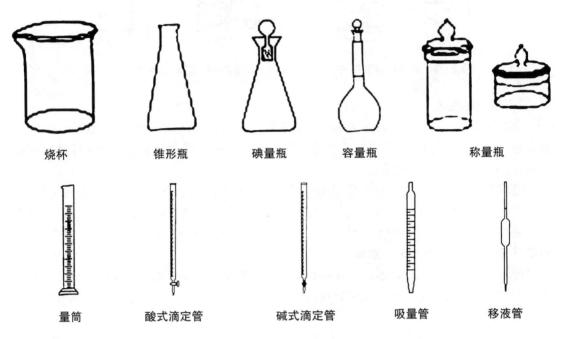

| 烧杯 | 锥形瓶 | 碘量瓶 | 容量瓶 | 称量瓶 |

| 量筒 | 酸式滴定管 | 碱式滴定管 | 吸量管 | 移液管 |

图 2-4　常用玻璃仪器

2. 容量分析仪器

滴定管、移液管、吸量管和容量瓶是滴定分析中准确测量溶液体积的容量分析仪器。溶液体积测量的准确性直接影响滴定分析结果的准确度，因此，必须正确使用和规范操作容量分析仪器。

（1）滴定管。滴定管是管身细长、内径均匀、有均匀刻度的玻璃管，滴定时用来准确测量标准溶液的体积。常量分析中使用的滴定管一般为 50 mL 和 25 mL，刻度最小 0.1 mL，最小可读到 0.01 mL。

滴定管一般分为两种，酸式滴定管和碱式滴定管（见图 2-4）。酸式滴定管下端有玻璃旋塞，可盛放酸性溶液（如氧化剂、还原剂、$AgNO_3$ 及 EDTA 等溶液），而不能装碱液（因碱能腐蚀玻璃塞，影响活塞转动）。碱式滴定管的下端用小段橡皮管连接带尖嘴的玻璃管，橡皮管内放一玻璃珠，通过用手指捏挤玻璃珠及橡皮来控制溶液的流速。碱式滴定管用于盛放碱性或无氧化性溶液，但不能盛放能与橡皮起作用的溶液（如 $KMnO_4$、I_2、$AgNO_3$ 溶液等）。还有一种是聚四氟乙烯活塞滴定管，其结构与酸式滴定管相同，只是活塞材质为耐腐蚀的聚四氟乙烯，因此，聚四氟乙烯活塞滴定管是酸碱两用的滴定管。本书各实验中使用的滴定管均为聚四氟乙烯活塞滴定管。

（2）移液管和吸量管。移液管和吸量管是准确移取一定体积溶液的容量仪器，但形状不同。移液管，又称单标线吸量管或胖肚移液管，管中间有膨大部分（球部），管颈部刻有一标线，球部刻有标称容量、温度、"快"或"吹"字等。常用移液管有 20 mL、25 mL、50 mL 等规格。

吸量管具有分刻度，又称分刻度吸量管，管上同样标有标称容量、温度等字样。常用的吸量管有 0.50 mL、1.00 mL、2.00 mL、3.00 mL 等规格。

移液管和吸量管属于精密容量仪器，不得放在烘箱中加热。记录吸取溶液体积时应记录至 0.01 mL。

（3）容量瓶。容量瓶是精确配制一定体积溶液的量器，常用来配制标准溶液、试样溶液或稀释溶液。常用的容量瓶有 50 mL、100 mL、250 mL、500 mL 等规格。

容量瓶是一种细颈梨形的平底瓶，颈上有一标线，瓶上标有温度和标称容量，表示在标准温度（20℃）时，当溶液的凹液面刚好与标线相切时，溶液的体积恰好与标称容量相等。

容量瓶不能加热。热溶液需冷至室温后，才能转移入容量瓶，否则会造成体积误差。

二、玻璃仪器的洗涤

1. 洗涤方法

化学实验中使用的器皿应洗净，其内壁被水均匀润湿而无条纹、不挂水珠。

（1）用去污粉、洗涤剂洗。实验室中常用的烧杯、锥形瓶、量筒等一般的玻璃器皿，可用毛刷蘸些去污粉或合成洗涤剂刷洗。

去污粉由碳酸钠、白土、细沙等混合而成。将要刷洗的玻璃仪器先用少量水润湿，撒入少量去污粉，然后用毛刷擦洗。利用碳酸钠的碱性去除油污，细沙的摩擦作用和白土的吸附作用增强了对玻璃仪器的清洗效果。玻璃仪器经擦洗后，用自来水冲掉去污粉颗粒，然后用蒸馏水洗 3 次，去掉自来水中带来的钙、镁、铁、氯等离子。

洗干净的仪器倒置时，仪器中存留的水可以完全流尽而仪器不留水珠和油花。出现水珠或油花的仪器应当重新洗涤。洗净的仪器不能用纸或抹布擦干，以免将脏物或纤维留在器壁上面玷污仪器。仪器倒置时，应放在干净的仪器架上（不能倒置于实验台上）。锥形瓶、容量瓶等仪器可倒挂在漏斗板或铁架台上。小口颈的试管等可倒插在特别的干净的支架上。

（2）铬酸洗涤剂。滴定管、移液管、容量瓶等具有精确刻度的仪器，常用铬酸洗涤剂浸泡 15 分钟左右，再用自来水冲净残留在器皿上的洗涤剂，然后用蒸馏水润洗 2～3 次。

铬酸洗涤剂的配制：在台秤上称取 10 g 工业纯 $K_2Cr_2O_7$（或 $Na_2Cr_2O_7$）置于 500 mL 烧杯中，先用少许水溶解，在不断搅动下，慢慢注入 200 mL 浓硫酸（工业纯），待 $K_2Cr_2O_7$ 全部溶解并冷却后，将其保存于带磨口的试剂瓶中。所配的铬酸洗涤剂为暗红色液体。因浓硫酸易吸水，用后应将磨口玻璃塞子塞好。

使用洗涤剂应按以下顺序操作：

A. 用洗涤剂洗涤前，凡能用毛刷洗刷的仪器必须先用自来水和毛刷洗刷，倾尽水，以免洗涤剂被稀释后降低洗涤效果。

B. 洗涤剂用过后倒回原磨口瓶中，以备下次再用。当洗涤剂变为绿色而失效时，可倒入废液桶中，绝不能倒入下水道，以免腐蚀金属管道。

C. 用洗涤剂洗涤过的仪器，应先用自来水冲净，再以蒸馏水润洗内壁 2 ~ 3 次。

D. 洗涤剂为强氧化剂，腐蚀性强，使用时特别注意不要溅在皮肤和衣服上。

必须指出：洗涤剂不是万能的，以为任何污垢都能用它洗去的观点是错误的。例如，被 MnO_2 玷污的器皿，用洗涤剂是无效的，此时可用草酸、盐酸或酸性 Na_2SO_3 等还原剂洗去污垢。

（3）用其他溶剂清洗。通常视玷污的情况，选用铬酸洗涤剂、HCl - 乙醇、合成洗涤剂等浸泡后，用自来水冲洗净，再用蒸馏水润洗 2 ~ 3 次。

A. $NaOH - KMnO_4$ 水溶液。称取 10 g $KMnO_4$ 放入 250 mL 烧杯中，加入少量水使之溶解，再慢慢加入 100 mL 10% NaOH 溶液，混匀即可使用。该混合液适用于洗涤油污及有机物。洗后在器皿中留下的 $MnO_2 \cdot nH_2O$ 沉淀物可用 $HCl - NaNO_2$ 混合液、酸性 Na_2SO_3 或热草酸溶液等洗去。

B. KOH - 乙醇溶液。适合于洗涤被油脂或某些有机物玷污的器皿。

C. HNO_3 - 乙醇溶液。适合于洗涤被油脂或有机物玷污的酸式滴定管。使用时，先在滴定管中加入 3 mL 乙醇，沿壁加入 4 mL 浓 HNO_3，盖住滴定管管口，利用反应所产生的氧化氮洗涤滴定管。

2. 容量分析仪器的洗涤

洗净的容量分析仪器，内壁应完全被水润湿而不挂水珠。

（1）滴定管的洗涤。无明显油污的滴定管，可直接用自来水冲洗。若有油污，可用去污粉或肥皂水浸泡；若油污不易洗净，则用铬酸洗涤剂洗涤。

滴定管在清洗时，应事先关好活塞，每次倒入 10 ~ 15 mL 自来水于滴定管中，两手平端滴定管，并不断转动，直至自来水布满全管为止。然后打开活塞，将自来水放出，再用蒸馏水反复润洗 2 ~ 3 次。

（2）移液管（吸量管）的洗涤。移液管和吸量管的洗涤方法相同。将移液管尖端插入自来水中，用吸球吸入自来水（标称容量的 1/3 ~ 1/2）后，拿开吸球，同时，用食指封住移液管上端。将吸球放在桌面上，两手平端移液管，并不断转动，直至自来水布满全管为止。然后，松开食指，将自来水放出，再用蒸馏水反复润洗 2 ~ 3 次。

（3）容量瓶的洗涤。洗涤方法与滴定管的洗涤操作相同。

三、容量分析仪器的基本操作

（一）滴定管的基本操作

1. 滴定前滴定管的准备

滴定管在滴定前，需经过检漏、润洗、装液、排气泡、调节液面至 0.00 mL 附近等操作。

（1）检漏。检查滴定管是否漏水。方法是：将已洗净的滴定管装满蒸馏水，关紧活塞，直立于滴定管夹上，观察 1 min，如无水滴滴下，活塞部分也无水渗出，再将活塞转动 180°，继续观察 1 min，也无水滴滴下，缝隙中也无水渗出，表示滴定管不漏水。

如滴定管漏水，将聚四氟乙烯活塞的小圆头部分适当拧紧，使活塞转动灵活且不漏水。

（2）润洗。为了保证装入滴定管的标准溶液浓度不变，在标准溶液装入滴定管前，需先用待装的标准溶液润洗滴定管 2～3 次，每次 5～10 mL。润洗的方法与滴定管洗涤方法相同。

（3）装液。将标准溶液装入润洗过的滴定管，直至液面超过 0.00 mL 刻度线。装液时，应直接将标准溶液从试剂瓶倒入滴定管，不要用漏斗、滴管等其他容器转移，以免标准溶液的浓度改变或被污染。

（4）排气泡。装满标准溶液后，应检查滴定管尖端有无气泡，若有气泡，应将气泡排出。排气泡方法：手握滴定管，倾斜约 60°，然后迅速打开活塞，用最大流速将气泡冲出（见图 2-5）。

（5）调节液面至 0.00 mL 附近，气泡排出后，装入标准溶液，并将液面调至 0.00 mL 附近，准确读数，此数据即为初读数（见图 2-6）。

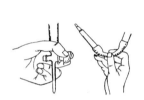　　

图 2-5　排气泡操作　　　　　图 2-6　滴定操作

2. 滴定管的读数

滴定开始前，需对滴定管内标准溶液的液面进行读数，即初读数。到达滴定终点时，需要再次对滴定管内标准溶液的液面进行读数，即终读数。因此，滴定过程中消耗的标准溶液的体积等于终读数减去初读数。读数时应注意：

（1）滴定管最小刻度为 0.1 mL，读数必须读至小数点后两位，如读数为 22.48 mL。

（2）读数前应等待约 1 min，使附着在滴定管内壁的标准溶液完全流下，以减小体积误差。

（3）读数时应将滴定管从滴定管架上取下，用拇指和食指捏住滴定管上端，使滴定管保持垂直。

（4）读数时，视线应与凹液面相切。俯视或仰视均会造成误差。若凹液面不清晰（如 $KMnO_4$、I_2 等深色溶液），应读取液面两侧的最高点。

（5）滴定时，液面初读数最好每次都从 0.00 mL 附近开始，这样可使消耗的标准溶液的体积固定在某一范围内，以消除由刻度不均匀引起的误差。

3. 滴定操作

经过检漏、润洗、装液、排气泡、调节液面至 0.00 mL 附近等准备操作后，将滴定管垂直地夹在滴定管架上。调整好滴定管的位置（与实验台的距离）和高度（与锥形瓶的相对距离）等，要求滴定管尖端伸进锥形瓶约 1 cm，同时，保证滴定过程中左右手的操作协调。

滴定一般在锥形瓶（或碘量瓶）中进行。滴定管的操作方法（见图 2 - 6）：左手控制滴定管活塞放出标准溶液，右手拿住锥瓶颈，边滴边摇动，眼睛观察锥形瓶内溶液（特别是标准溶液的滴落点）的颜色变化。

（1）左手控制活塞。左手大拇指在前，食指和中指在后，无名指和小指向手心弯曲，并轻轻贴在滴定管尖端。左手大拇指、食指和中指控制活塞的转动，从而控制标准溶液的流速，注意手掌不要顶住活塞。

A．"逐滴"操作。左手控制活塞使溶液逐滴滴下，但不能成"水线"流出。一般情况下，滴定开始时，滴定速度可适当快一些，可采用"逐滴"操作。一般应控制在 10 mL/min，即 3～4 d/s。此时，标准溶液的滴落点周围颜色变化速度快，离终点很远。

B．"一滴"操作：控制活塞使标准溶液慢慢流出仅滴下一滴溶液后，立即关闭活塞。当滴定接近终点时，标准溶液滴落点周围出现暂时性颜色变化，随着终点愈来愈近，颜色变化比较明显，而且常常要摇动一两下后才变化。在距终点前的 1～2 mL，应采用"一滴"操作，滴一滴，摇一摇。

C．"半滴"操作：微微旋动活塞使标准溶液慢慢流出半滴后，迅速关闭活塞，使液滴悬在滴定管尖端而不落下，再用锥形瓶内壁靠碰滴定管尖端，用洗瓶挤出少量蒸馏水淋洗瓶壁，将半滴溶液用蒸馏水冲洗下去。当滴定临近终点时，即颜色变化速度很慢时，应采用"半滴"操作，半滴半滴地滴加，直至溶液颜色有明显变化，且 30 s 内不褪色时，达到滴定终点。

（2）右手摇动锥形瓶。右手大拇指在前，食指和中指在后，无名指和小指自然弯曲轻靠在锥形瓶壁上。摇动时，利用腕力使锥形瓶中溶液做同一方向（顺时针方向）的圆周运动。摇动过程中，应保持锥形瓶瓶口水平，不允许左右或上下振荡。

在整个滴定过程中，左手一直不能离开活塞任溶液自流。

4．滴定结束后的整理工作

滴定操作结束后，正确读取终读数。将滴定管内剩余的溶液倒回试剂瓶中。用水冲洗滴定管数次后，将活塞打开并倒立夹在滴定管架上。

（二）移液管（吸量管）的基本操作

1．润洗

移液管吸取溶液前，需先将少量待吸取的溶液倒入干燥小烧杯中，润洗 2～3 次，每次约 1/3 体积。润洗的方法与移液管洗涤方法相同。

2．吸液

移液管的吸液操作如图 2 - 7 所示。用右手的大拇指和中指捏住移液管颈标线上方（食指腾空），将移液管尖插入液面以下 1～2 cm。左手先将吸球内空气挤空，然后将吸球尖端插入移液管口，慢慢松开左手，溶液被吸入移液管内。当管内液面上升至刻度线以上时，迅速移开吸球，并用右手食指按住管口使管中液体不流出。

吸液操作时应注意：移液管不宜插入液面太深，避免管外壁黏附太多液体；也不能太浅，否则随着原试剂瓶液面的下降，移液管会吸入空气，而把管内的液体吸进吸球；更不能把管尖直接搁在试剂瓶底部，因为这样不仅液体不易吸上来，且易碰损管尖。

3. 调节液面

调节液面操作如图2-8所示。移液管吸液完成后，左手将吸球放下，换拿原试剂瓶，并将试剂瓶倾斜45℃。右手持移液管，并将管尖紧贴在试剂瓶内壁，移液管保持垂直。右手食指稍稍松动并用右手大拇指和中指轻轻转动移液管，使液面平衡下降，直至溶液的凹液面与标线刚好相切（注意眼睛与标线在同一水平线上），立即按紧食指。

调节液面时，应注意保持移液管管口部分和右手食指干燥，否则放液时不能自如地控制液面下降。

4. 放液

放液操作与调节液面操作相同，如图2-8所示。此时左手拿锥形瓶倾斜45°，右手持移液管靠紧锥形瓶内壁（保持移液管垂直），松开食指，让管内液体自然地全部沿壁流下，等待15 s后取出移液管。

如果移液管上标有"吹"字样，则需将最后残留在移液管管尖的少量溶液用吸球全部吹出，并在锥形瓶内壁上转动一圈后再取出移液管。

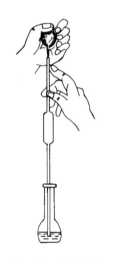　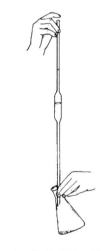　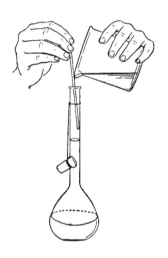

图2-7　吸液操作　　　　图2-8　调节液面、放液操作　　　图2-9　容量瓶的转移操作

（三）容量瓶的基本操作

1. 检漏

容量瓶在使用前应先检查是否漏水，检查瓶塞是否配套。检查的方法是：往容量瓶中装入自来水至标线附近，盖好塞子。右手按住塞子，左手托住瓶底，将瓶倒立片刻，观察瓶塞周围有无漏水现象。不漏水，方可使用。

容量瓶中只盛放溶质已溶解的溶液。以 $K_2Cr_2O_7$ 标准溶液（直接法配制）为例。先将称量好的 $K_2Cr_2O_7$ 固体放入烧杯中，加少量蒸馏水使之完全溶解后，将溶解后的溶液转移至容量瓶中。用少量蒸馏水洗涤烧杯3～4次，洗涤液一并转移入容量瓶中，加蒸馏水约加至容积的3/4时，将容量瓶摇晃作初步混匀，继续加水至接近标线时，可改用滴管慢慢滴加至溶液的凹液面与标线刚好相切。盖好瓶盖，左手握住瓶底，右手掌心压着瓶塞，倒转摇动，如此反复多次，使溶液充分混合均匀。

2. 转移

转移操作如图 2-9 所示。右手拿玻璃棒引流，将玻璃棒伸入容量瓶内并使顶端靠紧内壁（玻璃棒其他部分悬在瓶中），左手拿烧杯，将烧杯嘴靠紧玻璃棒，慢慢倾斜烧杯，使溶液沿玻璃棒流下。等溶液全部流完后，将烧杯轻轻沿玻璃棒上提，并将烧杯直立，使附着在玻璃棒与烧杯嘴间的溶液流回烧杯中或沿玻璃棒流下。

（周　丹）

 # 第三节　重量分析法的基本操作

重量分析法一般是将被测组分与试样中的其他组分分离后，转化为一定的称量形式，然后用称重的方法测定该组分的含量。由于试样中待测组分性质不同，采用的分离方法也不同。按其分离方法的不同，重量分析可分为沉淀法、挥发法、萃取法和电解法。

沉淀法是利用沉淀反应，使被测物质转变成一定的称量形式后测定物质含量的方法。重量分析法的基本操作包括：溶解、沉淀、过滤、洗涤、烘干、炭化、灰化和灼烧等。任何过程的操作正确与否，都会影响最后的分析结果，故每一步操作都须认真、正确。

一、试样的溶解

根据被测试样的性质，选用不同的试剂溶解，以确保待测组分全部溶解，且不使待测组分发生氧化还原反应造成损失，加入的试剂应不影响测定。

所用的玻璃仪器应洁净，内壁（与溶液接触面）不能有划痕，玻璃棒两头应烧圆，以防黏附沉淀物。

试样溶解时若无气体产生，试样的溶解操作如下：称取样品放入烧杯中，盖上表面皿；溶解时，取下表面皿，凸面向上放置，试剂沿下端紧靠着杯内壁的玻璃棒慢慢加入；加完后，将表面皿盖在烧杯上。

试样溶解时若有气体产生，则按以下操作溶解试样：称取样品放入烧杯中，先用少量水将样品润湿，表面皿凹面向上盖在烧杯上；用滴管滴加或沿玻璃棒将试剂自烧杯嘴与表面皿之间的孔隙缓慢加入，以防猛烈反应产生气体；加完试剂后，用水吹洗表面皿的凸面，流下来的水应沿烧杯内壁流入烧杯中，用洗瓶吹洗烧杯内壁。

试样溶解需加热或蒸发时，应在水浴锅内进行，烧杯上必须盖有表面皿，以防溶液剧烈暴沸或迸溅。加热、蒸发停止时，用洗瓶润洗表面皿或烧杯内壁。

溶解时须用玻璃棒搅拌。此玻璃棒不能作为其他用途。

二、试样的沉淀

对不同类型的沉淀，应采用不同操作方法。

（1）晶形沉淀。

沉淀条件应做到"五字原则"，稀、热、慢、搅、陈。

稀：沉淀溶液的配制适当要稀。

热：沉淀时应将溶液加热。

慢：沉淀剂的加入速度要缓慢。

搅：沉淀时，要用玻璃棒不断搅拌。

陈：沉淀完全后，要静止一段时间陈化。

为达到上述要求，进行沉淀操作时，应一手拿滴管，缓慢滴加沉淀剂，另一手持玻璃棒不断搅动溶液；搅拌时，玻璃棒不要碰烧杯内壁和烧杯底，速度不宜快，以免溶液溅出。沉淀一般须在热溶液中进行。常在水浴或电热板上进行加热，不得使溶液沸腾，否则会引起水溅或产生泡沫飞散，造成被测物的损失。

沉淀结束后，应检查沉淀是否完全，方法是将沉淀溶液静止一段时间，待上层溶液澄清后，滴加一滴沉淀剂，观察交接面是否混浊。若混浊，表明沉淀未完全，还需继续加入沉淀剂；反之，若清亮，则表明沉淀完全。

沉淀完全后，需要陈化，即盖上表面皿，放置一段时间或在水浴上保温静置 1 h 左右，让沉淀的小晶体生成大晶体，不完整的晶体转为完整的晶体。

（2）无定形沉淀。

此类型沉淀适宜在较浓的溶液中进行。在充分搅拌下，较快地加入较浓的沉淀剂。沉淀完全后，立即用热水稀释，以减少对杂质的吸附。不必陈化，立即过滤和洗涤，必要时进行再沉淀。

三、沉淀的过滤和洗涤

过滤和洗涤的目的是将沉淀从母液中分离出来，使其与过量的沉淀剂及其他杂质组分分开，并通过洗涤将沉淀转化成一纯净的单组分。

对于需要灼烧的沉淀物，常在玻璃漏斗中用滤纸进行过滤和洗涤，对只需烘干即可称重的沉淀，则在古氏坩埚中进行过滤、洗涤。

过滤和洗涤必须一次完成，不能间断。在操作过程中，不得造成沉淀的损失。

1. 用滤纸过滤

用滤纸过滤，使用的是长颈玻璃漏斗和定量滤纸（称为无灰滤纸，每张滤纸的灰分质量约为 0.08 mg，可忽略）。过滤晶型沉淀可用慢速或中速滤纸，而过滤非晶型沉淀则须用快速滤纸。

（1）沉淀的过滤。

过滤分三步进行。第一步采用倾泻法，尽可能地过滤上层清液；第二步转移沉淀到漏斗中；第三步清洗烧杯和漏斗中的沉淀。这三步操作一定要一次完成，不能间断，尤其是过滤胶状沉淀时更应如此。

采用倾泻法是为了避免沉淀过早堵塞滤纸上的空隙，影响过滤速度。沉淀剂加完后，静置一段时间，待沉淀下降后，将上层清液沿玻璃棒倾入漏斗中，玻璃棒要直立，下端对着滤纸的三层边，尽可能靠近滤纸但不接触。倾入的溶液量一般只充满滤纸的 2/3，离滤纸上边缘至少 5 mm，否则少量沉淀因毛细管作用越过滤纸上缘，造成损失。

暂停倾泻溶液时，烧杯应沿玻璃棒向上提起，逐渐使烧杯直立，以免使烧杯嘴上的液滴流失。带沉淀的烧杯放置方法如图 2-10 所示，烧杯倾斜，以便沉淀和清液分开，待烧

分析化学实验

杯中上层液澄清后，继续倾注，重复上述操作，直至上层清液倾完为止。开始过滤后，要检查滤液是否透明，如浑浊，应另换一个洁净烧杯，将滤液重新过滤。

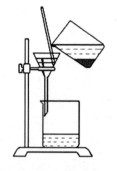

在上层清液倾注完以后，在烧杯中作初步洗涤。选用什么洗涤液洗涤沉淀，应根据沉淀的类型而定。

A．晶形沉淀。可用冷的稀的沉淀剂进行洗涤，由于同离子效应，可以减少沉淀的溶解损失。但是如果沉淀剂为不挥发的物质，就不能用作洗涤液，此时可改用蒸馏水或其他合适的溶液洗涤。

B．无定形沉淀。用热的电解质溶液作洗涤剂，以防止产生胶溶现象，大多采用易挥发的铵盐溶液作洗涤剂。

图 2-10 倾泻法

C．对于溶解度较大的沉淀，采用沉淀剂加有机溶剂洗涤，可降低其溶解度。

洗涤时，沿烧杯内壁四周注入少量洗涤液，每次约 20 mL，充分搅拌，静置，待沉淀沉降后，按上法倾注过滤，如此洗涤沉淀 4～5 次，每次应尽可能把洗涤液倾倒尽，再加第二份洗涤液。随时检查滤液是否透明不含沉淀颗粒，否则应重新过滤，或重做实验。

（2）沉淀的转移。

沉淀用倾泻法洗涤后，在盛有沉淀的烧杯中加入少量洗涤液，搅拌混合，全部倾入漏斗中。如此重复 2～3 次，然后将玻璃棒横放在烧杯口上，玻璃棒下端比烧杯口长出 2～3 cm，左手食指按住玻璃棒，大拇指在前，其余手指在后，拿起烧杯，放在漏斗上方，倾斜烧杯使玻璃棒仍指向三层滤纸的一边，用洗瓶冲洗烧杯壁上附着的沉淀，使之全部转移入漏斗中，如图 2-11 所示。

（3）沉淀的进一步洗涤。

沉淀全部转移至滤纸上后，要进行进一步洗涤，以除去吸附在沉淀表面的杂质及残留液。将洗瓶在水槽上吹出洗涤剂，使洗涤剂充满洗瓶的导出管后，再将洗瓶拿到漏斗上方，吹出洗瓶的水流，从滤纸的多重边缘开始，螺旋形地往下移动，最后到多重部分停止，这称为"从缝到缝"，这样，可使沉淀洗得干净且可将沉淀集中到滤纸的底部，如图 2-12 所示。洗涤沉淀时，要少量多次，即每次螺旋形往下洗涤时，所用洗涤剂的量要少，以便于尽快沥干，沥干后，再行洗涤。如此反复多次，直至沉淀洗净为止。这通常称为"少量多次"原则。

图 2-11 沉淀的转移

过滤和洗涤沉淀的操作，必须不间断地一次完成。若时间间隔过久，沉淀会干涸，黏成一团，就几乎无法洗涤干净了。无论是盛着沉淀还是盛着滤液的烧杯，未使用时，都应该用表面皿盖好。每次过滤完液体后，即应将漏斗盖好，以防落入尘埃。

图 2-12 沉淀的洗涤

2．用微孔玻璃漏斗或玻璃坩埚过滤

有些沉淀不能与滤纸一起灼烧，因其易被还原，如 AgCl 沉淀；有些沉淀不需灼烧，只需烘干即可称量，如丁二肟镍沉淀、磷铝酸喹啉沉淀等，但也不能用滤纸过滤，因为滤纸烘干后，重量改变很多。在这种情况下，应该用微孔玻璃坩埚（或微孔玻璃漏斗）过滤，如图 2-13 所示。这种滤器的滤板是用玻璃粉末在高温下熔结而成的，因此，又常称为玻璃钢砂芯漏斗（坩埚）。此类滤器均不能用于过滤强碱性溶液，以免强碱腐蚀玻璃微孔。

微孔玻璃坩埚

微孔玻璃漏斗

图 2-13　微孔玻璃坩埚和漏斗

这种滤器在使用前应以热浓盐酸或铬酸洗涤剂边抽滤边清洗，再用蒸馏水洗净。洗涤时，通常采用抽滤法。如图 2-14 所示，先将强酸倒入微孔玻璃坩埚（或漏斗）中，然后开水流泵抽滤，当结束抽滤时，应先拔掉抽滤瓶支管上的胶管，再关闭水流泵，否则水流泵中的水会倒吸入抽滤瓶中。

将已洗净、烘干且恒重的微孔玻璃坩埚（或漏斗）置于干燥器中备用。过滤时，所用装置和上述洗涤时装置相同，在开动水流泵抽滤下，用倾泻法进行过滤，其操作与上述用滤纸过滤相同，不同之处是在抽滤下进行。

橡皮垫

使用后的砂芯玻璃滤器，针对不同沉淀物采用适当的洗涤剂洗涤。首先用洗涤剂、水反复抽洗或浸泡玻璃滤器，再用蒸馏水冲洗干净，在 110 ℃条件下烘干，保存在无尘的柜或有盖的容器中备用。

这种滤器耐酸不耐碱，因此，不可用强碱处理，也不适于过滤强碱溶液。

图 2-14　抽滤装置

四、沉淀的烘干、炭化、灰化与灼烧

过滤所得沉淀经加热处理，即获得组成恒定的、与化学式表示组成完全一致的沉淀。

沉淀的干燥和灼烧须在一个预先灼烧至质量恒定的坩埚中进行，因此，在沉淀的干燥和灼烧前，必须预先准备好坩埚。

1. 沉淀的干燥和灼烧

利用玻璃棒把滤纸和沉淀从漏斗中取出，如图 2-15 所示，折卷成小包，把沉淀包卷在里面。此时应特别注意，勿使沉淀有任何损失。如果漏斗上沾有些微沉淀，可用滤纸碎片擦下，与沉淀包卷在一起。

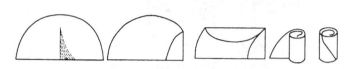

过滤后滤纸的折卷　　　　　胶体沉淀滤纸的折卷

图2-15　沉淀后滤纸的折卷

将滤纸包装进已质量恒定的坩埚内，使滤纸层较多的一边向上，可使滤纸灰化较易。如图2-16所示，坩埚斜于泥三角上，盖上坩埚盖；然后如图2-17所示，将滤纸烘干并炭化，在此过程中必须防止滤纸着火，否则会使沉淀飞散而损失。若已着火，应立刻移开煤气灯，并将坩埚盖盖上，让火焰自熄。

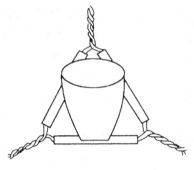

图2-16　坩埚侧放于泥三角上

2．沉淀的炭化和灰化

炭化过程是将烘干后的滤纸烤成炭黑状的过程。当滤纸炭化后，逐渐提高温度，把煤气灯的火焰移到坩埚底部（见图2-17中左火焰位置），把坩埚内壁上的黑炭完全烧去，将炭烧成 CO_2 而除去的过程叫灰化。注意，炭化过程中，若出现滤纸着火，应迅速移开煤气灯并将坩埚盖盖严，以熄灭火焰，切勿用嘴吹灭火焰，以免沉淀损失。若用电炉加热，通过延长加热时间即可实现滤纸的炭化和灰化。

3．沉淀的灼烧、恒量与称量

待滤纸灰化后，将坩埚垂直地放在泥三角上，盖上坩埚盖（留一小孔隙），于指定温度下灼烧沉淀，或者将坩埚放在高温电炉中灼烧。一般第一次灼烧30～45 min，第二次灼烧15～20 min。每次灼烧完毕从炉内取出后，都需要在空气中稍冷，再移入干燥器中。沉淀冷却到室温后称量，然后再灼烧、冷却、称量，直至质量恒定。

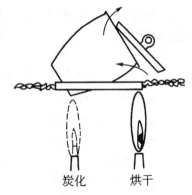

炭化　　　烘干

图2-17　烘干和炭化

微孔玻璃坩埚（或漏斗）只需烘干即可称量，一般将微孔玻璃坩埚（或漏斗）连同沉淀放在表面皿上，然后放入烘箱中，根据沉淀性质确定烘干温度。一般第一次烘干时间要长些，约2 h，第二次烘干时间可短些，为45 min至1 h，根据沉淀的性质具体处理。沉淀烘干后，取出微孔玻璃坩埚（或漏斗），置干燥器中冷却至室温后称量。反复烘干、称量，直至质量恒定为止。

（姚瑰玮）

第三章 | 分析化学实验内容

第一节　基本操作实验

实验一　电子天平称量练习

一、实验目的

（1）了解电子天平的称量原理。

（2）熟悉电子天平的操作规程和注意事项。

（3）掌握固定质量称量法和递减称量法的操作方法。

二、实验原理

分析天平是准确称取物质质量的精密仪器。按其结构的不同，可分为机械式天平（杠杆天平）和电子天平两种。目前，实验室广泛采用电子天平进行准确称量，故本实验着重介绍电子天平。

电子天平是指用现代电子控制技术进行称量的天平，其称量原理是电磁力平衡原理（详见第二章第一节）。

常用的称量方法有直接称量法、固定质量称量法和减量法。直接称量法是将待称量物放在秤盘上进行直接称量的方法。固定质量称量法（增量法）通常用于称取某一固定的质量。具体操作是先称容器（如表面皿、小烧杯、称量纸等）的质量，加入样品后再称量得容器和样品的总质量，扣除容器的质量，即为样品的质量。减量法适用于称量一定质量范围的样品。操作是先将样品装入称量瓶中，称量装有样品的称量瓶总质量，倒出部分样品后，再称量称量瓶总质量，两次质量之差即为样品的质量。

三、仪器与试剂

（1）仪器包括电子天平，称量瓶，小烧杯，干燥器，纸带，药匙。

（2）试剂包括无水碳酸钠基准试剂（270～300 ℃干燥至恒重），氯化钠基准试剂。

四、实验步骤

1．称量前天平的检查

（1）查看天平秤盘是否清洁，如有粉尘或洒落的药品，应用毛刷清理干净。

（2）观察水平仪中气泡是否处于水平仪中心（即圆圈中心），若有偏离，则调节天平底座上水平位调校螺丝使气泡位于水平仪中心，达到水平。

2．开机，预热

接通电源，按压控制杆"ON/OFF"键，天平自检后显示屏自动置零，预热15～30 min。当显示屏出现稳定的"0.0000"时，即可进行称量。若天平显示不为零，则轻按控制杆的空白区域调零。

3．固定质量称量法称量 0.200 0 g NaCl 粉末

（1）打开左侧玻璃滑门，将洁净的小烧杯置于秤盘中央，关闭玻璃滑门。此时，显示屏上显示空烧杯质量数值。

（2）轻按控制杆的空白区域调零，此时，显示屏显示为"0.0000"。

（3）打开左侧玻璃滑门，用药匙取适量 NaCl 粉末后，用右手的拇指和中指捏住药匙的中部，药匙的末端顶住掌心，食指轻轻敲打药匙使 NaCl 粉末缓慢落入小烧杯，直到显示屏显示的质量在 0.200 0 ± 0.000 1 范围内。关闭玻璃滑门，待绿色小圆点消失后，准确记录数据并填入表 3－1 中。

表 3－1　固定质量法称量 0.200 0 g NaCl 粉末

项目	1	2	3
m_{NaCl}/g			

（4）按上述操作步骤反复练习，直至能够快速准确地称出指定的质量。

4．递减称量法称量 0.4500～0.550 0 g 无水 Na₂CO₃

（1）打开干燥器，用纸带套住称量瓶并取出，用另一张纸带夹住称量瓶盖并打开，用药匙加入适量的 Na_2CO_3 粉末，盖上瓶盖。

（2）用纸带套住装有无水 Na_2CO_3 的称量瓶放在秤盘中央，关上玻璃滑门。待显示屏上绿色小圆点消失后读数，记录称量瓶和样品的总质量 m_1。

（3）左手用纸带将称量瓶从秤盘上取下来，右手用另一张纸带取下称量瓶盖，在小烧杯的上方倾斜称量瓶身，用瓶盖轻敲瓶口，使样品慢慢落入烧杯中。当倾出的样品接近 0.45～0.55 g 时，一边继续用瓶盖轻敲瓶口，一边慢慢地将瓶身竖直，使附着在瓶口的药品回落到称量瓶中，盖好瓶盖。

（4）将称量瓶放回至秤盘中央，再次称重，关好玻璃滑门，待显示屏上绿色小圆点消失后读数，得到剩余的 Na_2CO_3 粉末和称量瓶总质量 m_2。将数据记录在表 3－2 中。

（5）递减称量法称量的 Na_2CO_3 的质量 $m = m_1 - m_2$。确认 Na_2CO_3 的质量 m 在 0.4500～0.550 0 g 范围内，否则，重复（1）～（4）的操作。

5．称量后天平的整理

（1）称量完毕后，应及时取出样品及称量瓶，轻抬控制杆，关闭电源。

（2）检查电子天平内外是否清洁，若秤盘内有洒落的样品，应用毛刷清扫干净。

（3）关好玻璃滑门，切断电源，进行使用登记。

五、数据记录

将实验数据记录在表 3－1 和表 3－2。

表 3-2　递减称量法称量 0.450 0 ～ 0.550 0 g 无水 Na₂CO₃

项目	称量质量/g	1	2	3
倾倒前	m_1（瓶 + 样品）			
倾倒后	m_2（瓶 + 样品）			
	$m_{\text{Na}_2\text{CO}_3}$			

六、注意事项

（1）称量的总质量不得超过天平的最大载荷。

（2）读数前，应确认电子天平两侧玻璃滑门和天窗已关闭，否则会由于空气流动而使数据波动。

（3）称量过程中，不得用手直接接触称量瓶，须用纸带夹住称量瓶或将称量瓶放在秤盘上，以防玷污。

七、思考题

（1）请比较固定质量称量法和递减称量法的优缺点及适用对象。

（2）实验过程中，称量数据应保留几位有效数字？

（周　丹）

实验二　滴定分析基本操作练习

一、实验目的

（1）掌握容量分析仪器的洗涤方法。

（2）掌握滴定管、移液管和容量瓶的正确操作。

（3）通过基本操作练习，熟悉酸碱滴定操作，学习观察和判断滴定终点。

二、实验原理

滴定分析法是分析化学中重要的分析方法。滴定分析法是指将标准溶液滴加到待测物质溶液中，待定量反应完全后，根据所加标准溶液的浓度和体积，计算待测物质的含量的方法。在进行滴定分析时，要想得到准确的分析结果（相对误差≤0.2%），必须准确测量溶液的体积。因此，必须掌握滴定分析仪器（滴定管、移液管和容量瓶等）的正确操作。本实验通过一定浓度的盐酸和 NaOH 溶液的相互滴定练习，初步掌握滴定分析的基本操作，并学会观察和判断滴定终点。

盐酸和 NaOH 溶液的化学反应式为：

$$NaOH + HCl =\!\!=\!\!= H_2O + NaCl$$

化学计量点时，pH = 7.00。

指示剂的选择和滴定终点的判断，是影响滴定分析准确度的重要因素。本实验选用的指示剂有甲基橙［变色范围 pH：3.1（红色）～4.4（黄色）］和酚酞［变色范围 pH：8.0（无色）～9.6（红色）］。

NaOH 溶液滴定盐酸时，以甲基橙为指示剂，滴定终点时，溶液颜色由黄色变为橙色。盐酸滴定 NaOH 溶液时，以酚酞为指示剂，滴定终点时，溶液颜色由无色变为淡红色，并保持 30 s 不褪色。

三、仪器与试剂

（1）仪器包括滴定管，20 mL 移液管，5 mL 吸量管，锥形瓶，铁架台，小烧杯，洗瓶。

（2）试剂包括 0.10 mol·L^{-1}盐酸，0.10 mol·L^{-1}NaOH 溶液，0.1% 甲基橙指示剂，0.1% 酚酞指示剂。

四、实验步骤

1. 认识各种滴定分析仪器（参照第二章第二节）

2. 滴定分析仪器的洗涤

滴定管、吸量管、移液管的洗涤方法，按玻璃仪器的洗涤方法进行（参照第二章第二节）。

3. 用自来水进行滴定分析仪器的操作练习

（1）移液管、吸量管的操作练习。练习步骤包括润洗、吸液、调节液面、放液。

①用 20 mL 移液管于 250 mL 锥形瓶中移取 20.00 mL 自来水。

②用 5 mL 吸量管于 250 mL 锥形瓶中移取 5.00 mL 自来水。

（2）滴定管的操作练习。练习步骤包括检漏、润洗、装液、排气泡、调节液面、读初读数和滴定。

A. 逐滴操作：使液滴逐滴滴下。

B. 一滴操作：只滴下一滴溶液，立即关闭活塞。

C. 半滴操作：使半滴液滴悬在出口管上而不落。

4. 酸碱的相互滴定

实验中需要用到两种标准溶液：盐酸和 NaOH 溶液。在本实验中，为了便于区分及实验过程的方便，将红色活塞的滴定管统一盛放 HCl 标准溶液（酸式滴定管），白色活塞的滴定管统一盛放 NaOH 标准溶液（碱式滴定管）。

酸式滴定管的准备：用 0.10 mol·L^{-1}盐酸润洗酸式滴定管 2～3 次后（每次用量为 5～10 mL），将 0.10 mol·L^{-1}盐酸装入酸式滴定管中，排空气泡，调节液面至 0.00 mL 附近，准确记录 HCl 标准溶液的初读数（读准至 0.01 mL）并填入表 3 - 3 中。

碱式滴定管的准备：用 0.10 mol·L^{-1}NaOH 溶液对碱式滴定管重复上述润洗、装液、排气泡、调节液面的操作，并准确记录 NaOH 标准溶液的初读数，填入表 3–4 中。

表 3–3 0.10 mol·L⁻¹盐酸滴定 0.10 mol·L⁻¹NaOH 溶液

项目	1	2	3
V_{NaOH}/mL			
V_{HCl}（初读数）/mL			
V_{HCl}（终读数）/mL			
V_{HCl}/mL			
$\bar{V}_{HCl}$/mL			

表 3–4 0.10 mol·L⁻¹NaOH 溶液滴定 0.10 mol·L⁻¹盐酸

项目	1	2	3
V_{HCl}/mL			
V_{NaOH}（初读数）/mL			
V_{NaOH}（终读数）/mL			
V_{NaOH}/mL			
$\bar{V}_{NaOH}$/mL			

（1）0.10 mol·L⁻¹盐酸滴定 0.10 mol·L⁻¹NaOH 溶液。

由碱式滴定管放出 20.00 mL 0.10 mol·L⁻¹NaOH 溶液于 250 mL 锥形瓶中，加入 1～2 滴甲基橙指示剂，此时，溶液显黄色。用 0.10 mol·L⁻¹盐酸滴定（滴定速度为 3～4d/s），边滴边振荡锥形瓶。临近终点时，用少量蒸馏水淋洗锥形瓶内壁，继续半滴、半滴地滴定至溶液变为橙色，保持 30 s 不褪色，即为滴定终点。记录 HCl 标准溶液的终读数并填入表 3–3 中。平行滴定 3 次。若滴定至红色，则滴入的盐酸过量。

（2）0.10 mol·L⁻¹NaOH 溶液滴定 0.10 mol·L⁻¹盐酸。

吸取 0.10 mol·L⁻¹盐酸润洗 20 mL 移液管 2～3 次（每次用量为 5～10 mL）后，准确移取 20.00 mL 0.10 mol·L⁻¹盐酸放入 250 mL 锥形瓶中，用少量蒸馏水淋洗锥形瓶内壁，加入 2 滴酚酞指示剂，摇匀。用 0.10 mol·L⁻¹NaOH 溶液（碱式滴定管）滴定。溶液颜色由无色变为淡红色，保持 30 s 不褪色，即为滴定终点。记录 NaOH 溶液的终读数并填入表 3–4 中。平行滴定 3 次。

五、数据记录

将数据记录在表 3 – 3 和表 3 – 4。

六、注意事项

（1）滴定管的正确操作：检漏、润洗、装液、排气泡、调节液面至 0.00 mL 附近。

（2）移液管的正确操作：润洗、吸液、放液。

（3）滴定管、移液管的数据须读准至 0.01 mL。

（4）滴定速度的控制和滴定终点的准确判断。滴定开始时，滴定速度控制在每秒 3～4滴。当标准溶液的滴入使溶液颜色发生变化，但经摇动后完全消失，此时临近滴定终点，需用蒸馏水淋洗锥形瓶内壁，以洗下因摇动而溅起的溶液，并半滴半滴地加入溶液。当加入半滴标准溶液使溶液颜色变化，且 30 s 内不褪色，即为滴定终点。

（5）滴定操作口诀：酸管碱管莫混用，视线刻度要齐平；尖嘴充液无气泡，液面不要高于零；莫忘添加指示剂，开始读数要记清；左手轻轻旋开关，右手摇动锥形瓶；眼睛紧盯待测液，颜色一变立即停；数据记录要及时，重复滴定求平均；误差判断看 V（标），规范操作靠多练。

七、思考题

（1）移液管放液后管尖残余的少量溶液该如何处理？

（2）滴定管在装入标准溶液前为什么要用该溶液润洗 3 次？如未润洗，对测定结果有何影响？

（3）锥形瓶是否需要干燥？是否需要用待装入溶液润洗？

（4）临近终点时，用少量蒸馏水淋洗锥形瓶内壁，此操作对测定结果有无影响？为什么？

（周　丹）

实验三　容量仪器的简单校准

一、实验目的

（1）了解容量仪器校准的意义。

（2）掌握容量仪器的简单校准方法。

（3）熟悉 AE100 电子分析天平的使用。

二、实验原理

移液管、吸量管、滴定管、容量瓶等是分析化学实验中常用的玻璃量器，都具有刻度和标称容量（量器上所示的量值）。量器产品允许有一定的容量误差，即容量允差。国家对这些量器做了 A、B 级标准规定（《常用玻璃量器检定规程》，JJG196 – 2006）（见附录六，附

表1，附表2，附表3）。量器的准确度是分析化学实验测定结果准确度的前提条件之一。

目前，量器的准确度一般可以满足分析工作的要求，但由于温度的变化、试剂的侵蚀等原因，量器的真实体积与标称容量不一定一致。而且，由于玻璃的热胀冷缩，不同温度时，量器的容积也不同。量器的标称容量是指在标准温度 20 ℃使用时量器的容积，当温度发生改变时，量器的容积将发生改变。因此，在准确度要求较高的分析实验中，必须对自己使用的一套量器进行校准。

量器的校准方法有衡量法和容量比较法。本实验中采用衡量法进行校准。

衡量法，又叫称量法，其原理是：称量被校量器中量入或量出的纯水的质量（m），再根据该温度（t）下纯水密度（d）计算出该量器在 20 ℃时的容积 V_t。

在实际校准工作中，必须考虑以下 3 个因素：

（1）在空气中称量时，空气浮力的影响。

（2）水的密度随温度而变化。

（3）温度对玻璃量器胀缩的影响。

综合这 3 个因素，可以得到不同温度下 1 mL 纯水在空气中称量时的校正密度 d'，列于表 3 – 5 中。

按下式计算量器在标准温度 20 ℃时的实际容量：

$$V_{20} = \frac{m}{d'} \tag{3-1}$$

式中，V_{20} 为量器在标准温度 20℃时的实际容量，单位为 mL；m 为温度 t 时量器量入或量出的纯水的质量，单位为 g；d' 为温度 t 时水的校正密度，单位为 $g \cdot mL^{-1}$（见表 3 – 5）。

量器的校正值：

$$\Delta V = V_{20} - V_{标示} \tag{3-2}$$

例如，在 25 ℃时，某 25 mL 移液管放出的纯水质量为 24.924 g，计算该移液管在 20℃时的实际容量。

解：由表 3 – 5 查得，25 ℃时水的校正密度 d' 为 0.996 17 $g \cdot mL^{-1}$，则

$$V_{20} = \frac{m}{d'} = \frac{24.924 \ g}{0.996 \ 17 \ g \cdot mL^{-1}} = 25.02 \ mL$$

即该移液管的校正值：

$$\Delta V = 25.02 - 25.00 = +0.02 \ （mL）$$

表 3-5 不同温度时水的校正密度 d'

（空气密度为 $0.0012 \ \mathrm{g \cdot cm^{-3}}$，钠钙玻璃膨胀系数为 $2.6 \times 10^{-5}/℃$）

温度 $T/℃$	$d'/(\mathrm{g \cdot mL^{-1}})$	温度 $T/℃$	$d'/(\mathrm{g \cdot mL^{-1}})$	温度 $T/℃$	$d'/(\mathrm{g \cdot mL^{-1}})$
10	0.998 39	19	0.997 34	28	0.995 24
11	0.998 33	20	0.997 18	29	0.995 18
12	0.998 24	21	0.997 00	30	0.994 91
13	0.998 15	22	0.996 80	31	0.994 64
14	0.998 04	23	0.996 60	32	0.994 34
15	0.997 92	24	0.996 38	33	0.994 06
16	0.997 78	25	0.996 17	34	0.993 75
17	0.997 64	26	0.995 93	35	0.993 45
18	0.997 51	27	0.995 69		

需要注意的是，校准不当和操作不当是产生容量误差的主要原因，其误差可能超过量器允差或量器本身的误差。因此，校准时必须正确、规范操作。校准时，应至少平行校准两次，且两次校准数据的偏差应不超过被校量器容量允差的 1/4，取其平均值为校准结果。

三、仪器与试剂

（1）仪器包括 25 mL 滴定管，20 mL 移液管，50 mL 容量瓶，10 mL 吸量管，吸球，烧杯，50 mL 具塞锥形瓶，电子分析天平，温度计。

（2）试剂包括蒸馏水，无水乙醇，铬酸洗涤剂。

四、实验步骤

1. 容量瓶的校准

取一只洗净且干燥的 50.00 mL 容量瓶，用分析天平称取空容量瓶质量（m_0）。往容量瓶中加入蒸馏水至刻度线，盖好塞子，再称容量瓶和水总质量（m_1），两次质量之差即为放入容量瓶中的纯水的质量（$m_水$）。同时测量、记录水温（℃）。查表 3-5，找出此水温时对应的水的校正密度 d'，将以上实验数据填入表 3-6。根据（式 3-1、表 3-6），分别计算出容量瓶在 20 ℃时的实际容量 V_{20} 和校正值 ΔV。

将容量瓶洗净晾干，或用 4~5 mL 乙醇润洗内壁后晾干，重复上述实验，两次校正值之差不得超过 0.02 mL。

2. 吸量管的校准

取一只洗净并干燥的 50 mL 具塞锥形瓶，用分析天平准确称取空瓶质量（m_0）。用润洗过的吸量管移取 10.00 mL 蒸馏水于锥形瓶中，盖上瓶盖，称量水和瓶总质量（m_1），两次质量之差即为吸量管放出的纯水的质量（$m_水$）。同时测量、记录水温（℃）。从表

分析化学实验

3-5中查出该温度时对应水的校正密度 d'，将以上实验数据填入表3-6。根据（式3-1、式3-2）分别计算出吸量管在20℃时的实际容量 V_{20} 和校正值 ΔV。平行测定两次，两次校正值之差不得超过 0.02 mL。

移液管的校准参照吸量管的操作进行。

3. 滴定管的校准

将洗净的滴定管固定在滴定管架上，装入蒸馏水至零刻度线。取一只洗净并干燥的50 mL具塞锥形瓶，用分析天平准确称取空瓶质量（m_0）。从滴定管中放出0.00～20.00 mL水于锥形瓶中，记录滴定管的初读数和终读数。盖上瓶盖，称量水和瓶的总质量（m_1）。两次质量之差即为滴定管放出的纯水的质量（$m_水$）。同时测量、记录水温（℃）。从表3-5中查出该温度时对应的水的校正密度 d'，将以上实验数据填入表3-6。根据式3-1、3-2分别计算出滴定管在20℃时的实际容量 V_{20} 和校正值 ΔV。平行测定两次，两次校正值之差不得超过 0.02 mL。

表3-6 容量仪器的校准

水温____℃

项　　目	容量瓶		吸量管		滴定管	
	1	2	1	2	1	2
$V_{标示}$（初读数）/mL						
$V_{标示}$（终读数）/mL						
$V_{标示}$/mL						
m_0/g						
m_1/g						
$m_水$/g						
d'						

五、数据记录

将实验数据填入表3-6。

六、注意事项

（1）所使用的具塞锥形瓶内外壁应保持洁净及干燥。

（2）检定时，滴定管或吸量管尖端和外壁的水必须除去。

（3）容量仪器检定时，一定要清洗至量器内壁不挂水珠为止。

（4）操作时，容量瓶磨口和上管径部位不要沾到水。

（5）测水温时，必须将温度计插入水中4～5 min后读数。读数时仍须将温度计球部浸在水中。

七、思考题

（1）容量仪器为什么要校准？

（2）进行校准时，容量瓶、滴定管、吸量管是否需要干燥，为什么？

（3）为什么滴定管的校正每次都从最高标线"0.00"开始？

（周　丹）

拓展知识一　分析化学发展简史与诺贝尔奖

分析化学是化学学科中最古老的分支之一。在化学研究中，分析手段是举足轻重、不可或缺的。分析化学曾经是研究化学的开路先锋，它对元素的发现、原子量的测定、化学基本定律（如定比定律、倍比定律等）的确立、矿产资源的勘察利用等，都曾做出重大的贡献。

随着现代物理学革命的开展和各种新的研究方法及实验手段的应用，分析化学经历了3次巨大的变革，许多化学家也因对分析技术的杰出贡献而荣获诺贝尔奖（附表1）。第一次是在19世纪初，物理化学溶液理论的发展为分析化学提供了理论基础，建立起了溶液四大平衡理论，使分析化学由一种技术发展为一门科学。第二次变革发生在19世纪30—50年代，物理学和电子学的发展促进了各种仪器分析方法的发展，从而改变了经典分析化学以化学分析为主的局面。第三次变革是在20世纪70年代。由于生命科学、环境科学、新材料科学发展的需要，以及基础理论、测试手段的完善，现代分析化学能为各种物质提供组成、含量、结构、分布、形态等信息，实现微区分析、薄层分析、无损分析、瞬时追踪、在线监测及过程控制等。分析化学广泛吸取了当代科学技术的最新成就，成为最富活力的学科之一。

附表1　分析技术领域的诺贝尔化学奖

年份	获奖者	获奖项目
1901	W. C. Rontgen（德）	首次发现了X射线的存在
1902	S. A. Arrhenius（瑞典）	对电解理论的贡献
1906	Thomson, Sir Joseph John（英）	对气体电导率的理论研究及实验工作
1914	M. Von. Laue（德）	发现结晶体X射线的衍射
1914	T. W. Richards（美）	改进了重量测定法测定原子量的技术，准确测定了铜、钡、锶、钙、镁、镍等25种元素的准确原子量
1915	W. H. Bragg, W. L Bragg（英）	共同采用X射线技术对晶体结构进行分析
1917	C. G. Barkla（英）	发现了各种元素X射线辐射的不同
1922	F. W. Aston（英）	研究成功第一台质谱仪，并用来测定同位素
1923	F. Pregl（奥地利）	发明了有机化合物的微量分析

分析化学实验

（续上表）

年份	获奖者	获奖项目
1924	K. M. G. Siegbahn（瑞典）	在 X 射线的仪器方面的研究及发现
1925	R. Zsigniondy（奥地利）	发明了超显微，并对胶体进行较全面的研究
1926	T. Svedberg（瑞典）	研制成功第一台超离心机，并用它准确测定复杂的蛋白质分子量
1930	C. V. Raman（印度）	发现了拉曼效应
1943	G. C. de Hevesy（匈牙利）	第一个使用放射性同位素示踪技术研究化学和物理变化过程
1944	I. I. Rabi（美）	用共振方法记录了原子核的磁性
1948	A. W. K. Tiselius（瑞典）	采用电泳及吸附分析法发现了血浆蛋白质的性质
1952	F. Bloch，E. M. Purcell（美）	发展了核磁共振的精细测量方法
1952	A. J. P. Martin，R. L. M. Syngc（英）	发明了分配层析色谱技术
1959	J. Hegrovsky（捷）	设计了第一台极谱分析仪，创立了极谱学
1960	W. F. Libby（美）	发明了放射性^{14}C 年代测定技术
1969	O. Hassel（挪威），D. H. R. Barton（英）	应用 X 射线和电子衍射技术测定简单有机化合物的分子三维结构，提出和阐明了构象分析的原理，建立了构象分析的法则，使之成为化学研究中一个重要手段，推动立体化学和有机合成的发展
1971	G. Herzberg（加）	应用闪光光解法，在研究分子结构和复杂自由基领域取得卓越成就
1981	K. M. Siegbahn（瑞典）	发展高分辨率电子光谱学并应用于化学分析
1981	Nicolaas Bloembergen，Arthur L. Schawlow（美）	发展了激光光谱学
1982	A. Klug（英）	将 X 射线衍射技术应用到电子显微镜中，在分子生物学研究中做出开创性贡献
1985	H. A. Hauptman，J. Karle（美）	合作改进了晶体学 X 射线衍射研究方法，运用广博的数学和计算机知识解决了直接法分析晶体结构的问题，极大地推进了晶体研究，特别是对生物大分子的研究
1991	R. R. Ernest（瑞士）	研制出高分辨核磁共振分光法，成为有机物鉴定和结构测定的重要手段
1999	A. Zewail（美籍埃及人）	利用激光闪烁研究化学反应
2002	J. B. Koichi Tanaka（日），J. B. Fenn（美），K. Tanaka（瑞士）	发明了对生物大分子进行确认和结构分析的方法，以及发明了对生物大分子的质谱分析法和核磁共振技术

（续上表）

年份	获奖者	获奖项目
2008	Osamu Shimomura, Roger Y. Tsien, Artin Chalfie（美）	研究绿色荧光蛋白（GFP）发出荧光的机制，作为标记工具在生物科学中使用
2009	Venkatraman Ramakrishnan（英），Thomas A. Steitz（美），Ada E. Yonath（以色列）	构筑了三维模型来显示不同的抗生素是如何抑制核糖体功能的。这些模型已被用于研发新的抗生素，直接帮助减轻人类的病痛，拯救生命
2010	Richard F. Heck，Ei-ichi Negishi（美），Akira Suzuki（日）	发明了新的连接碳原子的方法
2014	Eric Betzig Stefan W. Hell（德），W. E. Moerner（美）	对发展超分辨率荧光显微镜做出卓越贡献。他们的突破性工作使光学显微技术进入纳米尺度，从而使科学家能够观察到活细胞中不同分子在纳米尺度上的运动
2016	Jean-Pierre Sauvage（法），Sir J. Fraser Stoddart（美），Bernard L. Feringa（荷兰）	成功设计和合成了各类分子机器

（周　丹）

第二节　酸碱滴定法实验

实验四　盐酸标准溶液的配制与标定

一、实验目的
（1）掌握用基准物质标定盐酸溶液浓度的方法。
（2）掌握滴定的基本操作，学会正确判断滴定终点。

二、实验原理
由于浓盐酸易挥发，故通常采用间接法配制盐酸标准溶液。先配成与所需浓度近似的溶液，再用基准物质标定其准确浓度。标定盐酸常用分析无水碳酸钠和硼砂作为基准物质。

1. 无水碳酸钠
无水碳酸钠（$M_{Na_2CO_3} = 105.99$ g·mol^{-1}）作为基准物的优点是容易制得纯品，缺点是易吸水，摩尔质量小。使用前，应在烘箱中于 270～300 ℃ 干燥 1 h，保存于干燥器中备用。称量时，不可长时间暴露于空气中，以免吸收空气中的水分，引起误差。用Na_2CO_3标定盐酸，其反应式为：

$$Na_2CO_3 + 2HCl \Longrightarrow 2NaCl + H_2O + CO_2 \uparrow$$

$$n_{HCl} = 2n_{Na_2CO_3}$$

反应达计量点时，pH = 3.89，可选用甲基橙作指示剂。HCl 标准溶液浓度（mol·L^{-1}）的计算公式为：

$$c_{HCl} = \frac{2m_{Na_2CO_3} \times \dfrac{20.00}{100.00} \times 1000}{M_{Na_2CO_3} V_{HCl}} \quad (3-3)$$

2. 硼砂

硼砂（$Na_2B_4O_7 \cdot 10H_2O$，$M_{硼砂} = 381.37 \text{ g} \cdot \text{mol}^{-1}$）的优点是易制得纯品，不易吸水，摩尔质量大，称量误差小，但在空气中易风化失去部分结晶水，因此应保存在相对湿度为 60% 的恒湿器（恒湿器下部放置饱和的蔗糖和食盐溶液）中，标定反应为：

$$Na_2B_4O_7 + 2HCl + 5H_2O \Longrightarrow 4H_3BO_3 + 2NaCl$$

$$n_{HCl} = 2n_{Na_2B_4O_7 \cdot 10H_2O}$$

反应达计量点时，pH = 5.10，选用甲基红作指示剂。HCl 标准溶液浓度（mol·L^{-1}）的计算公式为：

$$c_{HCl} = \frac{2 \times 1000 \times m_{Na_2CO_3}}{M_{Na_2CO_3} \cdot V_{HCl}} \quad (3-4)$$

本实验用于分析无水碳酸钠作为基准物质标定 HCl 标准溶液。

三、仪器与试剂

（1）仪器。滴定管，托盘天平，电子分析天平，称量瓶，玻璃棒，洗瓶，量筒，锥形瓶，烧杯，试剂瓶。

（2）试剂。浓盐酸，0.1% 甲基橙指示剂，无水碳酸钠。

四、实验步骤

1. 0.10 mol·L^{-1}盐酸的配制

量取 4.2 mL 浓盐酸于试剂瓶中，用蒸馏水稀释配成 500 mL，即配制成 0.10 mol·L^{-1} 盐酸，贴上标签，备用。

2. 0.10 mol·L^{-1}HCl 标准溶液的标定

准确称取 0.400 0 ~ 0.600 0 g 的无水 Na_2CO_3 于小烧杯中，加入 20 ~ 30 mL 蒸馏水，用玻璃棒搅动使 Na_2CO_3 溶解，再将溶液转移至 100 mL 容量瓶中，用少量蒸馏水淋洗烧杯及玻璃棒数次，将每次淋洗的水全部转移至容量瓶中，最后定容，摇匀，备用。

取一支洗净的 20 mL 移液管，用上述配制好的 Na_2CO_3 溶液润洗 2 ～ 3 次，移取 20.00 mL Na_2CO_3 溶液于锥形瓶中，用少量蒸馏水淋洗锥形瓶内壁，加入 2 滴甲基橙指示剂，用 HCl 标准溶液滴定至溶液颜色由黄色变为橙色，保持 30 s 不褪色，即为滴定终点。记录 HCl 标准溶液的初读数和终读数。平行测定三份，数据记录在表 3 – 8 中。根据公式 3 – 3，计算 HCl 标准溶液的浓度，要求相对平均偏差不大于 0.2%。

五、数据记录

表 3 – 7　基准物质无水碳酸钠的称量

项目	
$m_{瓶 + 药品}/g$	
$m_{瓶}/g$	
$m_{Na_2CO_3}/g$	

表 3 – 8　$0.10\ mol \cdot L^{-1}$ HCl 标准溶液的标定

项目	1	2	3
$V_{Na_2CO_3}/mL$			
V_{HCl}（初读数）/mL			
V_{HCl}（终读数）/mL			
V_{HCl}/mL			

六、注意事项

（1）正确进行称量、溶解、转移、定容的基本操作。

（2）干燥至恒重的无水碳酸钠有吸湿性，因此，精密称取基准无水碳酸钠时，宜采用减量法，并应迅速将称量瓶加盖塞闭。

（3）在滴定过程中产生的二氧化碳，使终点变色不够敏锐。因此，在溶液滴定进行至临近终点时，应将溶液加热煮沸或剧摇，以除去二氧化碳，待冷至室温后，再继续滴定。

七、思考题

（1）作为标定的基准物质应具备哪些条件？

（2）本实验中所使用的称量瓶、烧杯、锥形瓶是否必须都烘干？为什么？

（3）标定盐酸时，为什么要称 0.5 g 左右 Na_2CO_3 基准物？称得过多或过少有何不妥？

（4）用 NaOH 标准溶液标定盐酸时，以酚酞作指示剂，若 NaOH 溶液因贮存不当吸收了 CO_2，对测定结果有何影响？

（姚瑰玮）

实验五　苯甲酸质量分数的测定

一、实验目的

（1）掌握 NaOH 标准溶液的配制和标定。

（2）掌握用酸碱滴定法测定苯甲酸质量分数的原理和方法。

（3）熟练滴定分析的基本操作。

二、实验原理

1. 苯甲酸质量分数的测定

苯甲酸（$C_7H_6O_2$，122.12 $g \cdot mol^{-1}$）及其钠盐是常用食品防腐剂之一，我国规定其在食品中的最高允许量为 0.1%。苯甲酸又名安息香酸，化学性质较稳定，微溶于水，易溶于氯仿、丙酮、乙醚、乙醇等有机溶剂。而苯甲酸钠易溶于水和乙醇，难溶于有机溶剂，与酸作用生成苯甲酸。

根据两者性质不同，可先将苯甲酸钠用盐酸酸化，使之变为苯甲酸。再用乙醚萃取后，蒸去乙醚，用中性乙醇溶解残留的苯甲酸，以酚酞为指示剂，用 NaOH 标准溶液滴定。苯甲酸与 NaOH 的反应式为：

$$C_7H_6O_2 \ + \ NaOH \ \Longrightarrow \ C_7H_5O_2Na \ + \ H_2O$$

根据消耗的 NaOH 标准溶液的体积，计算苯甲酸的质量分数。计算公式为：

$$\omega_{苯甲酸} = \frac{\bar{c}_{HaOH} \times V_{NaOH} \times M_{苯甲酸}}{\dfrac{20.00}{100.00} \times m_{苯甲酸} \times 10^3} \tag{3-5}$$

2. NaOH 标准溶液的配制和标定

NaOH 有很强的吸水性且易吸收空气中的 CO_2，因而，市售 NaOH 中常含有 Na_2CO_3。所以，NaOH 标准溶液不能采用直接法配制。

由于碳酸钠的存在，对指示剂的使用影响较大，应设法除去。除去 Na_2CO_3 最常用的方法是将 NaOH 先配成饱和溶液。由于 Na_2CO_3 在饱和 NaOH 溶液中几乎不溶解，会慢慢沉淀出来，因此，可通过饱和 NaOH 溶液，获得不含 Na_2CO_3 的 NaOH 溶液。待 Na_2CO_3 沉淀后，吸取一定量的上清液，稀释至所需浓度即可。此外，用来配制 NaOH 溶液的蒸馏水，也应加热煮沸放冷，除去其中的 CO_2。

NaOH 标准溶液的浓度可用基准物质进行标定，也可用已知准确浓度的盐酸（标定盐酸的方法见实验四）来标定。

（1）用基准物质进行标定 NaOH 标准溶液。

常用的基准物质有邻苯二甲酸氢钾和草酸（$H_2C_2O_4 \cdot 2H_2O$）等。以邻苯二甲酸氢钾

（KHC$_8$H$_4$O$_4$，$V_{硫酸亚铁铵}$ = 204.23 g·mol^{-1}）为例，反应为：

$$C_6H_4COOHCOOK + NaOH = C_6H_4COONaCOOK + H_2O$$

$$n_{NaOH} = n_{KHC_3H_4O_4}$$

反应达计量点时，pH = 9.1，可选用酚酞作指示剂，滴定至溶液由无色变为浅粉色，30 s 不褪色即为滴定终点。NaOH 浓度（mol·L^{-1}）计算公式为：

$$c_{NaOH} = \frac{M_{KHC_8H_4O_4} \times 1000}{M_{KHC_8H_4O_4} \times V_{NaOH}} \tag{3-6}$$

邻苯二甲酸氢钾通常在 105 ~ 110℃ 干燥 2 h 备用，干燥温度过高，则脱水为邻苯二甲酸酐。

（2）用已知准确浓度的盐酸标定 NaOH 标准溶液。

盐酸与 NaOH 标准溶液的化学反应式为：

$$NaOH + HCl = NaCl + H_2O$$

$$c_{NaOH} = \frac{c_{HCl} \times V_{HCl}}{V_{NaOH}} \tag{3-7}$$

三、仪器和试剂

（1）仪器。滴定管，托盘天平，电子分析天平，称量瓶，玻璃棒，移液管，洗瓶，锥形瓶，量筒，烧杯。

（2）试剂。0.1000 mol·L^{-1}盐酸，NaOH 固体，0.1% 酚酞指示剂。

四、实验步骤

1. 0.10 mol·L^{-1}NaOH 标准溶液的配制

在托盘天平上，用烧杯迅速称取 2.2 ~ 2.5 g NaOH 固体于小烧杯中，加蒸馏水溶解，倾入 500 mL 试剂瓶中，加水稀释到 500 mL，用胶塞盖紧，摇匀［或加入 0.1 g BaCl$_2$或 Ba（OH）$_2$以除去溶液中可能含有的 Na$_2$CO$_3$］，贴上标签，备用。

2. 0.10 mol·L^{-1}NaOH 标准溶液的标定

取一支洗净的 20 mL 移液管，用 0.1000 mol·L^{-1}盐酸润洗 2 ~ 3 次，再移取 20.00 mL 盐酸于锥形瓶中，加入 2 滴酚酞指示剂，用 NaOH 标准溶液滴定至溶液颜色由无色变为粉红色，保持 30s 不褪色，即为滴定终点。记录 NaOH 标准溶液的初读数和终读数。平行测定三份，数据记录在表 3-9 中。根据式 3-7，计算 NaOH 标准溶液的浓度，要求相对平均偏差不大于 0.2%。

3．苯甲酸试液的制备

称取 1.221 6 g 苯甲酸，溶于 50% 中性乙醇溶液中，配成 100.00 mL 的溶液。

4．苯甲酸质量分数的测定

移取 20.00 mL 上述苯甲酸溶液于锥形瓶中，加酚酞指示剂 2 滴，用 NaOH 溶液滴定，溶液颜色由无色变为淡红色，并保持 30 s 不褪色，即为滴定终点。平行测定 3 份，数据记录在表 3 – 10 中。根据式 3 – 5，计算苯甲酸的质量分数，要求相对平均偏差不大于 0.2%。

五、数据记录

表 3 – 9　0.10 mol·L^{-1} NaOH 标准溶液的标定

项目	1	2	3
V_{KMnO_4} /mL			
c_{HCl} /mol·L^{-1}			
V_{NaOH}（初读数）/mL			
V_{NaOH}（终读数）/mL			
V_{NaOH} /mL			

表 3 – 10　苯甲酸质量分数的测定

项目	1	2	3
$m_{苯甲酸}$ /g			
$V_{苯甲酸}$ /mL			
V_{NaOH}（初读数）/mL			
V_{NaOH}（终读数）/mL			
V_{NaOH} /mL			

六、注意事项

配制 NaOH 溶液，以少量蒸馏水洗去固体 NaOH 表面可能含有的碳酸钠时，不能用玻璃棒搅拌，操作要迅速，以免氢氧化钠溶解过多，降低溶液浓度。

七、思考题

（1）称取氢氧化钠固体时，为什么要迅速称取？

（2）标定氢氧化钠溶液时，可用基准物 $KHC_8H_4O_4$，也可用盐酸标准溶液作比较。试比较这两种方法的优缺点。

（3）为什么需用中性稀乙醇溶解苯甲酸？直接用稀乙醇溶解对结果有什么影响？

（4）本实验化学计量点时溶液的 pH 是多少？可否用甲基橙为指示剂，为什么？

（姚瑰玮）

实验六　甲醛法测定铵盐中氮的质量分数

一、实验目的

（1）熟悉甲醛法测定铵盐中氮的质量分数的基本原理和方法。

（2）掌握铵盐氮的质量分数的计算。

二、实验原理

氨与酸反应的生成物都是由铵离子和酸根离子构成的离子化合物，这类化合物称为铵盐。常见的铵盐有硫酸铵、氯化铵、硝酸铵等，铵盐是强酸弱碱盐，但由于 NH_4^+ 的酸性太弱，$K_a = 5.6 \times 10^{-10}$，不能用 NaOH 标准溶液直接准确滴定，须采用间接滴定法，使 NH_4^+ 转化为较强的酸，然后再滴定。铵盐中氮的质量分数的测定方法常有蒸馏法和甲醛法两种，生产和实验室中，广泛采用甲醛法测定铵盐中的含氮量。

首先，使甲醛与铵盐反应，生成 $(CH_2)_6N_4H^+$ 和 H^+，反应方程式如下。

$$4NH_4^+ + 6HCHO \rightleftharpoons (CH_2)_6N_4H^+ + 3H^+ + 6H_2O$$

由于甲醛试剂中常含有微量酸，故应预先除去。可以酚酞为指示剂，用 0.10 $mol \cdot L^{-1}$ NaOH 标准溶液滴定至溶液呈淡红色。

铵盐试样［如 $(NH_4)_2SO_4$］中含有少量的 HSO_4^-、H_2SO_4 等酸，滴定前，也应预先除去。可使铵盐试样溶解后，加入甲基红指示剂，如溶液显红色或橙色，则用 NaOH 溶液滴定至溶液呈黄色。

上面反应中产物为质子化的六次甲基四胺 $(CH_2)_6N_4H^+$，其 K_a 值为 7.1×10^{-6}，可用 NaOH 标准溶液直接滴定。反应式如下。

$$(CH_2)_6N_4H^+ + 3H^+ + 4OH^- \rightleftharpoons (CH_2)_6N_4 + 4H_2O$$

化学计量点时，产物为六次甲基四胺 $(CH_2)_6N_4$，pH 为 8.80，可选酚酞为指示剂。

铵盐中氮的质量分数的计算公式如下。

$$\omega_N = \frac{c_{NaOH} V_{NaOH} \times M_N \times 10^{-3}}{m_{样品}} \times 100\% \tag{3-8}$$

由于甲醛是一种有毒性物质，长期接触会对人体造成危害并污染环境，因此，本实验中使用多聚甲醛水解产物代替甲醛。多聚甲醛在常温下为白色固体粉末，对人体危害小，

分析化学实验

并且减少了对环境的污染。多聚甲醛的末端为半缩醛端基，经过碱性条件水解处理后，可得到稳定的游离甲醛。反应式如下。

$$OH^- + \sim (OCH_2)_n - OCH_2CH_2 - (OCH_2)_m OH \longrightarrow \sim (OCH_2)_n - OCH_2CH_2OH$$
$$+ mHCHO + OH^-$$

式中"～"表示未参加水解反应的多聚甲醛链节结构。

三、仪器和试剂

（1）仪器。滴定管，锥形瓶，烧杯，量筒，电子分析天平，玻璃棒，滴瓶，洗瓶。

（2）试剂。铵盐样品，$0.1000 \ mol \cdot L^{-1}$ NaOH 标准溶液，0.2%酚酞，0.2%甲基红，多聚甲醛。

四、实验步骤

1. $0.1000 \ mol \cdot L^{-1}$ NaOH 标准溶液的配制与标定（详细步骤见实验五）

2. 甲醛溶液的处理——多聚甲醛解聚法

称取 5 g 多聚甲醛固体于锥形瓶中，加入 $0.10 \ mol \cdot L^{-1}$ NaOH 标准溶液 50 mL，溶解，混匀，待完全溶解（约 30 min）后，加入 1～2 滴酚酞指示剂，用 $0.10 \ mol \cdot L^{-1}$ 盐酸滴定至溶液从淡红色刚好褪色，备用。

3. 铵盐中氮含量的测定

准确称取 0.1000～0.1200 g 硫酸铵样品于锥形瓶中，加少量蒸馏水溶解，加入 2～3 滴甲基红指示剂，溶液呈黄色（若非黄色，用 NaOH 溶液中和至溶液呈黄色）。然后加入 10 mL 经过处理的甲醛溶液，再滴加 1～2 滴酚酞指示剂，混匀，放置 1 min。用 NaOH 标准溶液滴定至溶液呈淡红色，30 s 不褪色即为滴定终点，平行测定三份。将数据记录在表 3-11 中。根据式 3-8，计算铵盐中氮的质量分数。

五、数据记录

将实验数据填入表 3-11。

表 3-11　铵盐中氮的质量分数的测定

项目	1	2	3
$c_{NaOH}/mol \cdot L^{-1}$			
$m_{样}/g$			
V_{NaOH}（初读数）/mL			
V_{NaOH}（终读数）/mL			
V_{NaOH}/mL			

六、注意事项

（1）如果铵盐中含有游离酸，要先用 NaOH 溶液中和除去，再加入甲醛溶液进行测定。

（2）甲醛中常含有微量酸，要先用 NaOH 溶液中和处理。

（3）滴定过程中，要用少量蒸馏水淋洗锥形瓶内壁，以减少实验误差。

（4）测定铵盐中氮含量时，滴定的过程中，溶液颜色变化顺序为：紫红→黄→无色→淡红。

七、思考题

（1）铵盐中氮的含量的测定能否用 NaOH 溶液直接进行滴定？

（2）为什么中和铵盐样品中的游离酸用甲基红指示剂，而中和甲醛中的游离酸要使用酚酞指示剂？

（3）测定样品前，为什么要先用 NaOH 溶液中和处理甲醛溶液？

（陈湛娟）

实验七　混合碱的测定（双指示剂法）

一、实验目的

（1）了解强碱弱酸盐滴定过程中 pH 的变化。

（2）掌握双指示剂法分析测定混合碱组分质量分数的原理、方法和计算。

（3）了解酸碱滴定法在碱度测定中的应用。

二、实验原理

混合碱是 NaOH 与 Na_2CO_3 的混合物，或 Na_2CO_3 与 $NaHCO_3$ 的混合物，可采用双指示剂法同时进行定性、定量分析。

1. 混合碱由 NaOH 与 Na_2CO_3 组成

先加入酚酞指示剂，达第一化学计量点（pH = 8.31）时，所消耗盐酸的体积为 V_1（mL），反应式为：

$$NaOH + HCl \Longrightarrow NaCl + H_2O$$
$$HCl + Na_2CO_3 \Longrightarrow NaHCO_3 + NaCl$$
$$n_{HCl} = n_{Na_2CO_3} + n_{NaOH}$$

再加入甲基橙指示剂，达第二化学计量点（pH = 3.9）时，消耗盐酸的体积为 V_2（mL），反应式为：

$$NaHCO_3 + HCl =\!=\!= NaCl + H_2O + CO_2\uparrow$$
$$n_{HCl} = n_{NaHCO_3}$$

由反应式可知，$V_1 > V_2$。V_1 和 V_2 可计算混合物中 Na_2CO_3 与 $NaOH$ 的质量分数，计算公式如下。

$$\omega_{Na_2CO_3} = \frac{V_2 \times c_{HCl} \times M_{Na_2CO_3} \times 10^{-3}}{m_{试样} \times \frac{25.00}{250.0}} \times 100\% \qquad (3-9)$$

$$\omega_{NaOH} = \frac{(V_1 - V_2) \times c_{HCl} \times M_{NaOH} \times 10^{-3}}{m_{试样} \times \frac{25.00}{250.0}} \times 100\% \qquad (3-10)$$

2. 混合碱由 Na_2CO_3 与 $NaHCO_3$ 组成

首先，在碱液中加入酚酞指示剂，用 HCl 标准溶液滴定至溶液由红色突变为无色，即为第一化学计量点，反应式如下。

$$HCl + Na_2CO_3 =\!=\!= NaHCO_3 + NaCl$$
$$n_{HCl} = n_{NaHCO_3}$$

此时，反应产物为 $NaHCO_3$，溶液 pH 为 8.3，设所消耗盐酸的体积为 V_1（mL）。

然后，继续加入甲基橙指示剂，用 HCl 标准溶液滴定至溶液由黄色转变为橙色，即为第二化学计量点，反应式如下。

$$NaHCO_3 + HCl =\!=\!= NaCl + H_2O + CO_2\uparrow$$
$$n_{HCl} = n_{Na_2CO_3} + n_{NaHCO_3}$$

此时溶液 pH 为 3.7。设所消耗盐酸的体积为 V_2（mL）。

由反应式可知，$V_1 < V_2$。由 V_1 和 V_2 可计算混合物中 Na_2CO_3 与 $NaHCO_3$ 的质量分数。

$$\omega_{Na_2CO_3} = \frac{V_1 \times c_{HCl} \times M_{Na_2CO_3} \times 10^{-3}}{m_{试样} \times \frac{25.00}{250.0}} \times 100\% \qquad (3-11)$$

$$\omega_{NaHCO_3} = \frac{(V_2 - V_1) \times c_{HCl} \times M_{NaHCO_3} \times 10^{-3}}{m_{试样} \times \frac{25.00}{250.0}} \times 100\% \qquad (3-12)$$

三、仪器和试剂

（1）仪器。滴定管，锥形瓶，容量瓶，玻璃棒，烧杯，移液管，分析天平。

（2）试剂。0.100 0 mol·L^{-1} HCl 标准溶液，0.1%甲基橙指示剂，0.1%酚酞指示剂，混合碱试样。

四、实验步骤

1. 试样的配制

精密称取 1.500 0～2.500 0 g 混合碱试样于小烧杯中，加入蒸馏水使之溶解，将溶液转移至 250 mL 容量瓶中，用少量蒸馏水淋洗烧杯及玻璃棒数次，将每次淋洗的水全部转移至容量瓶中，最后定容，摇匀，备用。

2. 第一化学计量点的滴定

移取 25.00 mL 试样溶液于 250 mL 锥形瓶中，加 2～3 滴酚酞指示剂，用 HCl 标准溶液滴定至溶液由红色突变为无色，记下读数 V_1（mL）在表 3-12 中。

3. 第二化学计量点的滴定

在上述溶液中，滴加 1～2 滴甲基橙指示剂，继续用 HCl 标准溶液滴定至溶液由黄色转变为橙色，记下读数 V_2（mL）在表 3-12 中。

4. 用同样方法再测定两份

比较 V_1、V_2 的大小，判断样品中各组分，并根据式 3-9、式 3-10，或式 3-11、式 3-12 计算组分的质量分数，要求相对平均偏差不大于 0.2%。

五、数据记录

将实验数据填入表 3-12。

表 3-12　混合碱组分的分析及质量分数的测定

项目		1	2	3
$m_{试样}$/g				
$V_{试样}$/mL				
c_{HCl}/mol·L^{-1}				
V_1/mL	初读数			
	终读数			
	体积			
V_2/mL	初读数			
	终读数			
	体积			

六、注意事项

（1）双指示剂法中，第一计量点用酚酞作指示剂，第二计量点用甲基橙作指示剂。由于以酚酞作指示剂从微红色到无色的变化不敏锐，因此也常选用甲酚红-百里酚蓝混合指示剂（将 0.1 g 甲酚红溶于 100 mL 500 $g \cdot L^{-1}$ 乙醇溶液中，0.1 g 百里酚蓝指示剂溶于 100 mL 500 $g \cdot L^{-1}$ 乙醇溶液中，1 $g \cdot L^{-1}$ 甲酚红与 1 $g \cdot L^{-1}$ 百里酚蓝的配比为 1：6），甲酚红的变色范围为 6.7（黄）～ 8.4（红），百里酚蓝的变色范围为 8.0（黄）～ 9.6（蓝），混合后的变色点是 8.3，酸色为黄色，碱色为紫色，混合碱指示剂变色敏锐。用盐酸标准溶液滴定，试液由紫色变为粉红色，即为终点，记下消耗的盐酸的体积为 V_1（mL）。再加入 9 滴溴甲酚绿 – 二甲基黄混合指示剂，继续用盐酸溶液滴定至溶液恰好变为亮黄色，消耗盐酸的体积为 V_2（mL）。由 V_1 和 V_2 可计算混合物中各组分的含量。

（2）在到达第一滴定终点的锥形瓶中加甲基橙，应立即继续滴定。千万不能在 3 个锥形瓶先分别滴至第一化学计量点，再分别滴至第二化学计量点。

（3）滴定第一终点时，酚酞指示剂可适当多滴几滴，以防 NaOH 滴定不完全而使 NaOH 的测定结果偏低，Na_2CO_3 的测定结果偏高。

（4）用浓度相近的 $NaHCO_3$ 溶液加入酚酞指示剂作颜色对照，在到达第一滴定终点前，不要因为滴定速度过快，造成溶液中 HCl 局部过浓，引起 CO_2 的损失，带来较大的误差，滴定速度亦不能太慢，摇动要均匀。

（5）临近第二终点时，一定要充分摇动，以防止形成 CO_2 的过饱和溶液而使终点提前到达。

七、思考题

（1）用双指示剂法测定混合碱组成的方法原理是什么？

（2）采用双指示剂法测定混合碱，在同一份溶液中测定，试判断以下五种情况下混合碱中存在的成分：① $V_1 = 0$；② $V_2 = 0$；③ $V_1 > V_2$；④ $V_1 < V_2$；⑤ $V_1 = V_2$。

（姚瑰玮）

拓展知识二　酸碱指示剂

一、早期的酸碱指示剂——植物指示剂

早在 200 多年前，酸碱指示剂就被化学家们使用了。1663 年，英国化学家波义耳偶然发现了紫罗兰为什么变红。"用上好的紫罗兰，捣出有色的汁液，滴在白纸上，再在汁液上加两三滴酒精，将醋或其他几乎所有的酸液滴到这个混合液上时，你立刻就会发现浆液变成了红色。"波义耳还发现从石蕊、苔藓中提取的紫色浸液遇酸性物质能变红，遇碱性物质则变蓝，这就是早期的石蕊试液。用一些浸液把纸浸透、烘干制成纸片，依据此原理，制成了我们现在用的石蕊试纸。

随着植物指示剂的使用逐渐广泛，一些科学家指出，各种植物指示剂的变色灵敏度和变色范围不一样，必须对所有的植物汁液的灵敏度进行鉴定，才能找到合适的指示剂来测量各种酸的相对强度。

1782 年，法国化学家居顿·德莫沃将纸浸泡在姜黄、巴西木的汁液中制成试纸，用于利用硝酸制取硝酸钾的工业生产中。随后，化学家们在酸碱滴定中利用植物指示剂确定滴定终点。

1875 年，德国人米勒合成了金莲橙指示剂。1877 年，德国化学家卢克合成了酚酞指示剂。1878 年，德国化学家隆格合成了甲基橙指示剂。到 1893 年，已有 14 种人工合成的酸碱指示剂。自此，科学家开始使用化学制剂作指示剂。

二、酸碱指示剂的发展方向

实验室常用的指示剂种类较少（见附录八），且有的指示剂变色不敏锐，污染环境。近年来，越来越多的新指示剂被应用到酸碱滴定中。常见的包括人工合成的染料、天然色素、"纳米"指示剂等。

（1）人工合成的染料。如维多利亚蓝（$pK_a = 8.25$），作为酸碱指示剂，与酚酞指示剂对照，无显著性差异，但此类染料需人工合成，成本高且污染环境。

（2）天然色素。在自然界，有许多植物色素，如苋菜红色素（变色 pH 范围为 7.60～9.60）、紫甘蓝素（变色 pH 为 7.5）、萝卜红色素（变色 pH 范围为 6.8～8.2）、虞美人色素（变色 pH 范围为 6.33～8.25）等。这些植物色素来源广泛、廉价、易于制取、天然环保。因此，利用植物色素取代酸碱指示剂是可行的。

（3）"纳米"指示剂。由于纳米技术的发展，基于纳米金和阳离子聚噻吩衍生物颜色变化的酸碱指示剂也应运而生。富含胸嘧啶的寡脱氧核苷酸，在弱酸性条件下，形成稳定的四面体"i-motif"结构；在中性或碱性条件下，不能形成"i-motif"结构，以自由卷曲的单链构象存在。纳米金是一种优秀的光学探针，它具有高消光系数，颜色具有强烈的尺寸依赖性。在酸性条件下，富含胸嘧啶的寡脱氧核苷酸加入纳米金后，溶液颜色由红色变为蓝色；而在中性或弱碱性条件下，溶液仍为红色。阳离子噻吩衍生物具有构象效应。在弱酸性条件（pH 为 5.0）下，富含胸嘧啶的寡脱氧核苷酸加入阳离子噻吩衍生物后，溶液颜色呈现黄色；而在中性或弱碱性条件（pH 为 8.0）下，溶液呈现红色。"纳米"指示剂具有样品用量少、简捷、可逆，且对环境无污染的特点。

总之，由于新技术的快速发展，酸碱指示剂的选择多样，而变色敏锐、成本低廉、天然环保的酸碱指示剂将更受青睐。

（周　丹）

第三节　配位滴定法实验

实验八　水的总硬度的测定

一、实验目的

（1）掌握 EDTA 标准溶液的配制和标定方法。

（2）掌握使用铬黑 T 指示剂的条件和滴定终点的判断。

（3）熟悉用 EDTA 法测定水的总硬度的原理。

（4）掌握水的总硬度的测定方法及其计算。

二、实验原理

1. EDTA 溶液的配制和标定

EDTA 是乙二胺四乙酸的简称，常用 H_4Y 表示。EDTA 有 6 个配位原子，是一种很好的氨羧配位剂，它能和许多种金属离子生成很稳定的配合物，所以广泛用来测定金属离子的含量。EDTA 在水中的溶解度很小，常温下，其溶解度为 $0.28\ g \cdot L^{-1}$（约 $0.000\ 7\ mol \cdot L^{-1}$），在分析中不适用，通常用它的二钠盐 $Na_2H_2Y \cdot 2H_2O$（也简称为 EDTA）配制标准溶液。乙二胺四乙酸二钠盐的溶解度为 $120\ g \cdot L^{-1}$，可配成 $0.3\ mol \cdot L^{-1}$ 以上的溶液，其水溶液 pH 约为 4.8。通常用间接法配制 EDTA 标准溶液。

标定 EDTA 标准溶液的基准物质很多，常用的基准物质有金属 Zn、Cu、Pb、Bi 等，金属氧化物 ZnO、Bi_2O_3 等，盐类 $CaCO_3$、$MgSO_4 \cdot 7H_2O$ 等。通常选用其中与被测组分相同的物质做基准物，这样滴定条件较一致，可减少系统误差。本实验配制的 EDTA 标准溶液，用来测定水的总硬度，所以选用 $CaCO_3$（$100.01\ g \cdot mol^{-1}$）作为基准物，其与 EDTA 的反应式如下。

$$Ca^{2+} + H_2Y^{2-} = CaY^{2-} + 2H^+$$

由于上述反应过程中不断释放出 H^+，使溶液的酸度不断升高，酸度增大的结果，不仅使反应的 K'_{MY} 降低，滴定突跃减少，而且破坏了指示剂变色的最适宜酸度范围。因此，在配位滴定中加入缓冲溶液以控制溶液酸度。通常在偏酸性（pH < 6.0）溶液中，以 $CH_3COOH - CH_3COONa$ 缓冲溶液来控制溶液酸度；在碱性溶液（pH = 7.0 ~ 10.0）中，以 $NH_3 - NH_4Cl$ 缓冲溶液来控制溶液酸度。

标定 EDTA 溶液，常用铬黑 T 为指示剂。铬黑 T 在溶液 pH 为 9.0 ~ 10.5 的条件下显纯蓝色，能和 Ca^{2+} 生成稳定的紫红色配合物。当用 EDTA 标准溶液滴定时，Ca^{2+} 与 EDTA 生成无色的配合物，当接近化学计量点时，已与指示剂配合的金属离子被 EDTA 夺出，释放出指示剂，溶液即显示出游离指示剂的颜色，当溶液从紫红色变为纯蓝色，即为滴定终点。反应式如下。

$$CaIn + Y = CaY + In$$
（紫红色）（无色）（无色）（纯蓝色）

根据消耗的 EDTA 标准溶液的体积计算 EDTA 标准溶液的浓度，计算公式如下。

$$c_{EDTA} = \frac{c_{CaCO_3} \cdot V_{CaCO_3}}{V_{EDTA}} \tag{3-13}$$

2. 水的总硬度的测定

一般含有较多的钙盐和镁盐的水称为硬水。水的总硬度主要是指水中含有可溶性的钙盐和镁盐的量,有暂时硬度和永久硬度之分。暂时硬度的水中仅含钙、镁的酸式碳酸盐,可用简单的煮沸方法使之形成碳酸盐沉淀除去。永久硬度的水中含有钙和镁的氯化物、硫酸盐、硝酸盐,不能用煮沸的方法把它们除去。

水的硬度有多种表示方法,目前我国使用较多的表示方法通常有两种:一种是度(德国度),即每 10^5 g 水中所含的钙或镁量相当于 1 g CaO,亦即每升水中含有相当于 10 mg 的 CaO,称为 1 度(°)。另一种是以 $mg \cdot L^{-1}$ 表示,即每升水中含有 Ca^{2+}、Mg^{2+} 离子的量相当于 $CaCO_3$ 的 mg 数。

水的硬度是水质的一个重要指标,是确定用水质量和进行水处理的重要依据。在日常饮用水中,如果饮用硬度过高的水,水中的 Ca^{2+}、Mg^{2+} 会刺激肠黏膜,易引起慢性腹泻。因此,国家对生产和生活用水硬度都作了统一规定,生活饮用水硬度(GB5749 - 85)≤ 450 $mg \cdot L^{-1}$(以 $CaCO_3$ 计)。硬水用于洗涤时,肥皂中的可溶性脂肪酸钠与 Ca^{2+}、Mg^{2+} 离子作用,生成不溶性沉淀,这不仅浪费肥皂,而且沉淀留存在织物上也会污染织物,并使织物变脆。蒸气锅炉若长期使用硬水,锅炉内壁会结下坚实的锅垢,锅垢导热不良,不但浪费燃料,而且由于受热不均,会引起锅炉爆裂,因此,锅炉用水事先必须软化。我国对锅炉用水的硬度有严格要求,如 1.5 ~ 2.5 MPa 的锅炉用水的硬度≤8.9 $mg \cdot L^{-1}$(以 $CaCO_3$ 计)。

测定自来水的硬度,一般采用配位滴定法。取一定量的水样,用 EDTA 标准溶液滴定 Ca^{2+} 和 Mg^{2+} 的总量,即可计算水的硬度。滴定一般是在 pH = 10 的氨性缓冲溶液中进行,用 EBT(铬黑 T)作指示剂。化学计量点前,Ca^{2+}、Mg^{2+} 和 EBT 生成紫红色配合物,当用 EDTA 溶液滴定至化学计量点时,游离出指示剂,溶液呈现纯蓝色。

滴定时,Fe^{3+}、Al^{3+} 等干扰离子,用三乙醇胺掩蔽;Cu^{2+}、Pb^{2+}、Zn^{2+} 等重金属离子则可用 KCN、Na_2S 或硫基乙酸等掩蔽。

本实验中自来水的硬度以 $CaCO_3$(100.01 $g \cdot mol^{-1}$)来表示,单位为 $mg \cdot L^{-1}$。

根据消耗的 EDTA 标准溶液的体积计算水的总硬度,计算公式如下。

$$\rho_{CaCO_3} = \frac{c_{EDTA} \cdot V_{EDTA} \cdot M_{CaCO_3}}{V_{水样}} \qquad (3 - 14)$$

三、仪器与试剂

(1)仪器。烧杯,移液管架,移液管,吸量管,吸球,洗瓶,滴定管,台秤,电子分析天平,表面皿,容量瓶,锥形瓶,玻璃棒。

(2)试剂。$Na_2H_2Y \cdot 2H_2O$(s),$CaCO_3$(s),4 $mol \cdot L^{-1}$ 盐酸,EBT 指示剂,pH = 10 的 $NH_3 - NH_4Cl$ 缓冲液。

四、实验步骤

1. 0.005 $mol \cdot L^{-1}$ EDTA 溶液的配制

在台秤上称取 $Na_2H_2Y \cdot 2H_2O$ 0.75 ~ 0.85 g 置于小烧杯中,用少量蒸馏水溶解后,转入聚乙烯塑料瓶中，加蒸馏水稀释至 500 mL。摇匀，贴上标签。

2．0.005 mol·L^{-1}EDTA 溶液的标定

准确称取干燥的 CaCO$_3$基准试剂 0.050 0 ～ 0.050 5 g（称准至小数点后第四位）于 50 mL 烧杯中，用少量水润湿。沿烧杯壁缓缓加入 4 mol·L^{-1}盐酸约 10 滴，使之完全溶解。再加少量水稀释，将溶液全部转移至 100 mL 容量瓶中，定容，摇匀，计算 CaCO$_3$的准确浓度。

用移液管移取上述 CaCO$_3$标准溶液 20.00 mL 于锥形瓶中，加入 10 mL pH = 10 的 NH$_3$ – NH$_4$Cl 缓冲液，加 3 滴 EBT 指示剂，用少量蒸馏水淋洗锥形瓶内壁，摇匀后，用 EDTA 标准溶液滴定，溶液颜色由紫红色变为纯蓝色，并保持 30 s 不褪色，即为滴定终点。记录消耗 EDTA 溶液的体积，填入表 3 – 13。平行测定 3 次，要求结果的相对平均偏差≤0.2%。

根据式 3 – 13，计算 EDTA 标准溶液的准确浓度。

3．水的总硬度的测定

移取自来水 50.00 mL 于锥形瓶中，加 5 mL pH = 10 的 NH$_3$ – NH$_4$Cl 缓冲液，加入 3 滴 EBT 指示剂，用少量蒸馏水淋洗锥形瓶内壁，充分摇匀后，用 EDTA 标准溶液滴定，溶液颜色由紫红色变为纯蓝色，并保持 30 s 不褪色，即为滴定终点。记录消耗 EDTA 溶液的体积，填入表 3 – 14。平行测定 3 次，要求结果的相对平均偏差≤0.2%。

根据（式 3 – 14），计算水的总硬度。

五、数据记录

0.005 mol·L^{-1} CaCO$_3$标准溶液的配制：m_{CaCO_3} = _____ g，c_{CaCO_3} = _____ mol·L^{-1}，V_{CaCO_3} = _____ mL

表 3 – 13 0.005 mol·L^{-1}EDTA 溶液的标定

项目	1	2	3
V_{CaCO_3}/mL			
V_{EDTA}（初读数）/mL			
V_{EDTA}（终读数）/mL			
V_{EDTA}/mL			

表 3 – 14 水的总硬度的测定

项目	1	2	3
V_{H_2O}/mL			
V_{EDTA}（初读数）/mL			
V_{EDTA}（终读数）/mL			
V_{EDTA}/mL			

六、注意事项

（1）CaCO$_3$基准试剂加 HCl 溶解时，速度要慢，以防剧烈反应产生 CO$_2$气泡，而使 CaCO$_3$溶液飞溅损失。

（2）配合滴定反应进行较慢，因此滴定速度不宜太快，尤其是临近终点时，更应缓慢滴定，并充分摇动。

（3）滴定终点颜色不易判断，可采用对比法。

七、思考题

（1）自来水试样的 pH 应控制在什么范围？若溶液为强酸性，应怎样调节？

（2）配位滴定法与酸碱滴定法相比，有哪些不同点？滴定操作过程中，应注意哪些问题？

（3）测定水的总硬度时，为什么要控制溶液的 pH 为 10？

（4）当水样的硬度较大时，加入氨性缓冲液后，可能会出现什么异常现象？应如何处理？

（艾朝辉）

实验九　混合物中钙盐和镁盐的分别测定

一、实验目的

（1）熟悉配位滴定法酸度控制的方法和重要性。

（2）了解 EBT 指示剂、钙指示剂的原理及使用条件。

（3）掌握 EDTA 法测定钙盐和镁盐质量分数的原理和技术。

二、实验原理

1. 钙盐、镁盐总量的测定

Ca^{2+}、Mg^{2+}共存时，其含量测定可通过控制溶液酸度的方法采用 EDTA 配位滴定法进行分别滴定。其原理是以铬黑 T（EBT，一般用 H$_3$In 表示）为指示剂，用 EDTA 标准液滴定混合物中 Ca^{2+}、Mg^{2+}总量。首先，向待测试样中加入 NH$_3$–NH$_4$Cl 缓冲溶液（pH = 10），此时，EBT 以 HIn^{2-}（蓝色）存在。在滴定前，往试样中加入 EBT 指示剂，它先与 Ca^{2+}、Mg^{2+}生成紫红色配合物（CaIn、MgIn），反应式为：

$$Ca^{2+} + HIn^{2-} \Longrightarrow CaIn^- + H^+$$
$$Mg^{2+} + HIn^{2-} \Longrightarrow MgIn^- + H^+$$

开始滴定时，滴入的 EDTA 先与溶液中未配合的 Ca^{2+}、Mg^{2+}生成配合物，反应式为：

$$Ca^{2+} + H_2Y^{2-} \Longrightarrow CaY^{2-} + 2H^+$$
$$Mg^{2+} + H_2Y^{2-} \Longrightarrow MgY^{2-} + 2H^+$$

由于 CaY^{2-}、MgY^{2-} 比 $CaIn^-$、$MgIn^-$ 稳定，达到化学计量点时，滴入的 EDTA 将夺取 $CaIn^-$、$MgIn^-$ 中的 Ca^{2+}、Mg^{2+}，使指示剂还原为原来的形态 HIn^{2-}，终点反应式为：

$$CaIn^- + H_2Y^{2-} \Longrightarrow CaY^{2-} + H^+ + HIn^{2-}$$
$$MgIn^- + H_2Y^{2-} \Longrightarrow MgY^{2-} + H^+ + HIn^{2-}$$
紫红色   纯蓝色

由于 CaY^{2-} 比 MgY^{2-} 稳定，故先滴定的是 Ca^{2+}。但它们的铬黑 T 配合物的稳定性则相反，（$\lg K_{CaIn^-} = 5.4$，$\lg K_{MgIn^-} = 7.0$），因此溶液由紫红色转变为蓝色，表明 Mg^{2+} 已定量滴定，而此时 Ca^{2+} 早已定量反应，所测定的即为 Ca^{2+}、Mg^{2+} 总量。

2. 钙盐质量分数的测定

在 pH = 12～13 的溶液中，镁以 Mg(OH)$_2$ 沉淀形式掩蔽，Ca^{2+} 与 EDTA 形成无色配合物（CaY^{2-}），与钙指示剂形成紫红色配合物（$CaIn^-$）。由于 $CaIn^-$ 不如 CaY^{2-} 稳定，因此，过量滴定液便能夺取 $CaIn^-$ 中的 Ca^{2+} 而使钙指示剂游离，此时，溶液由紫红色变为蓝色，即为终点。

滴定前，钙指示剂与钙离子配合为 $CaIn^-$ 离子，反应式为：

$$Ca^{2+} + HIn^{2-} \Longrightarrow CaIn^- （紫红色） + H^+$$
$$Mg^{2+} + 2OH^- \Longrightarrow Mg(OH)_2 \downarrow$$

滴定反应式为：

$$CaIn^- + H_2Y^{2-} \Longrightarrow CaY^{2-} + HIn^{2-} （蓝色）$$

根据滴定至终点所消耗 EDTA 的浓度和体积，可求出试样中钙盐（$M_{Ca} = 40.08$ g·mol^{-1}）的质量分数。

$$\omega_{Ca} = \frac{c_{EDTA} \times V_1 \times \dfrac{M_{Ca}}{1000}}{m_s \times \dfrac{20.00}{250.00}} \times 100\% \tag{3-15}$$

3. 镁盐质量分数的测定

实验中先取一份溶液，调节溶液的 pH ≈ 10，以铬黑 T 为指示剂，用 EDTA 标准溶液滴定 Ca^{2+}、Mg^{2+} 总量。再另取一份溶液，调节溶液 pH 为 12～13 时，加入钙指示剂，用

EDTA 标准溶液滴定 Ca^{2+} ［此时 Mg^{2+} 生成 $Mg(OH)_2$ 沉淀］。然后，用差减法计算镁盐（$M_{Mg} = 40.08$ g·mol^{-1}）的质量分数。

$$\omega_{Mg} = \frac{c_{EDTA} \times (V_2 - V_1) \times \dfrac{M_{Mg}}{1000}}{m_s \times \dfrac{20.00}{250.00}} \times 100\% \tag{3-16}$$

三、仪器和试剂

（1）仪器。滴定管，量筒，锥形瓶，移液管。

（2）试剂。0.100 0 mol·L^{-1}EDTA 标准溶液，钙镁混合试样，3.0 mol·L^{-1}盐酸，3.0 mol·L^{-1}氨溶液，1.0 mol·L^{-1}NaOH，$NH_3 - NH_4Cl$ 氨性缓冲液，EBT 指示剂，钙指示剂，pH 试纸，二乙胺。

四、实验步骤

1．钙盐质量分数的测定

精密称取 4.500 0 ～ 5.500 0 g 的可溶性钙盐及镁盐于小烧杯中，加入蒸馏水使之溶解，将溶液转移至 250 mL 容量瓶中，用少量蒸馏水淋洗烧杯及玻璃棒数次，将每次淋洗的水全部转移至容量瓶中，最后定容，摇匀，备用。

移取以上钙镁混合试样溶液 20.00 mL，加蒸馏水 25 mL，二乙胺 3 mL，加入 NaOH 调节 pH = 12 ～ 13，钙指示剂 1 mL，用少量蒸馏水淋洗锥形瓶内壁，摇匀后，用 EDTA 标准溶液滴定，使样品溶液自紫红色刚好转变为纯蓝色。记录消耗的 EDTA 标准溶液的体积，记为 V_1，并填入表 3 - 15 中。根据式 3 - 15，计算试样中 Ca^{2+} 的质量分数。平行测定三份，要求相对平均偏差不大于 0.2%。

2．镁盐质量分数的测定

从上述容量瓶中移取钙镁混合试样溶液 20.00 mL，加蒸馏水 25 mL，二乙胺 3 mL，$NH_3 - NH_4Cl$ 氨性缓冲液 10 mL，EBT 指示剂 5 滴，用少量蒸馏水淋洗锥形瓶内壁，摇匀后用 EDTA 标准溶液滴定，使样品溶液自紫红色刚好转变为纯蓝色。记录消耗的 EDTA 标准溶液的体积 V_2，并填入表 3 - 16 中。根据式 3 - 16，计算试样中 Mg^{2+} 的质量分数。平行测定三份，要求相对平均偏差不大于 0.2%。

五、数据记录

将实验数据填入表 3 - 15、表 3 - 16。

表 3 - 15　钙盐质量分数的测定

项目	1	2	3
V_{EDTA}（初读数）/mL			

续上表

项目	1	2	3
V_{EDTA}（终读数）/mL			
V_1/mL			

表 3-16　镁盐质量分数的测定

项目	1	2	3
V_{EDTA}（初读数）/mL			
V_{EDTA}（终读数）/mL			
V_2/mL			

六、注意事项

（1）溶液的 pH 应控制在 12～13，如果 pH<12，则 $Mg(OH)_2$ 沉淀不完全；如果 pH>13，则钙指示剂在终点变化不明显。

（2）二乙胺具有挥发性和腐蚀性，使用时勿沾染皮肤。

（3）盐酸应少量加入，氨性缓冲液量要加足。

（4）滴定终点时，溶液要完全变至纯蓝色。

（5）$Mg(OH)_2$ 沉淀会吸附钙离子，从而使钙的结果偏低，镁的结果偏高，应注意避免。

七、思考题

测定 Ca^{2+}、Mg^{2+} 需分别加入二乙胺和氨性缓冲液，它们各起什么作用？能否用氨性缓冲液代替二乙胺？

（姚瑰玮）

实验十　混合液中铅离子、铋离子的连续测定

一、实验目的

（1）掌握用控制溶液酸度的方法，在同一体系，连续滴定 Bi^{3+}、Pb^{2+} 的基本原理和实验方法。

（2）了解配位滴定法酸度控制的方法和重要性。

（3）掌握二甲酚橙指示剂的特点及应用。

二、实验原理

Bi^{3+}（$M_{Bi^{3+}}=207.2$ g·mol^{-1}）、Pb^{2+}（$M_{Pb^{2+}}=208.98$ g·mol^{-1}）均能与 EDTA 形成稳定的配合物。$\lg K$ 分别为 27.94 和 18.04，$\Delta\lg K=\Delta\lg K_{BiY}-\Delta\lg K_{PbY}=27.94-18.04=9.90$。因此，可用控制酸度的方法在一份试液中连续滴定 Bi^{3+} 和 Pb^{2+}。在测定中，均用二甲酚橙（XO）作指示剂，XO 在 pH<6 时呈黄色，pH>6.3 时呈红色。而它与 Bi^{3+}、Pb^{2+} 所形成的配合物呈紫红色，它们的稳定性与 Bi^{3+}、Pb^{2+} 和 EDTA 所形成的配合物相比要低，且 $\lg K_{Bi-XO}>\lg K_{Pb-XO}$。

1. Bi^{3+} 质量浓度的测定

测定时，先加入 0.1 mol·L^{-1} HNO$_3$ 调节并控制溶液 pH=1.0，以 XO 作指示剂，用 EDTA 滴定，溶液由紫红色突变为亮黄色，即为滴定 Bi^{3+} 的终点。

$$滴定前：Bi^{3+}+H_5In^-（黄）{=\!=\!=}BiIn^{3-}（紫红）+5H^+$$
$$滴定中：Bi^{3+}+H_5Y^+{=\!=\!=}BiY^-+5H^+$$
$$滴定终点：BiIn^{3-}（紫红）+H_5Y^+{=\!=\!=}BiY^-+H_5In^-（黄）$$

设滴定所消耗的 EDTA 体积为 V_1，可算出 Bi^{3+} 的质量浓度（g·L^{-1}）：

$$\rho_{Bi^{3+}}=\frac{c_{EDTA}\times V_1\times M_{Bi^{3+}}}{V_{试样}} \tag{3-17}$$

2. Pb^{2+} 质量浓度的测定

在上述溶液中，继续加入适量的六次甲基四胺，调节溶液 pH 为 5～6，以 XO 作指示剂，用 EDTA 滴定，溶液由紫红色突变为亮黄色，即为滴定 Pb^{2+} 的终点。

$$滴定前：Pb^{2+}+H_2In^{4-}（黄）{=\!=\!=}PbIn^{4-}（紫红）+2H^+$$
$$滴定中：Pb^{2+}+H_2Y^{2-}{=\!=\!=}PbY^{2-}+2H^+$$
$$滴定终点：PbIn^{4-}（紫红）+H_2Y^{2-}{=\!=\!=}PbY^{2-}+H_2In^{4-}（黄）$$

设滴定所消耗的 EDTA 体积为 V_2，可算出 Pb^{2+} 的质量浓度（g·L^{-1}）：

$$\rho_{Pb^{2+}}=\frac{c_{EDTA}\times V_2\times M_{Pb^{2+}}}{V_{试样}} \tag{3-18}$$

三、仪器和试剂

（1）仪器。滴定管，量筒，锥形瓶，移液管。

（2）试剂。0.1000 mol·L^{-1} EDTA 标准溶液，2 g·L^{-1} 二甲酚橙，0.1 mol·L^{-1}

HNO_3，200 $g\cdot L^{-1}$ 六次甲基四胺溶液，0.5 $mol\cdot L^{-1}$ NaOH 溶液，Bi^{3+}、Pb^{2+} 混合试液。

四、实验步骤

1. Bi^{3+} 质量浓度的测定

准确移取 20.00 mL Bi^{3+}、Pb^{2+} 混合液于 250 mL 锥形瓶中，用搅拌棒蘸取少量试液置于 pH 为 0.5～5.0 的精密 pH 试纸上，仔细检测其 pH。一般无沉淀的含 Bi^{3+} 溶液的 pH 均小于 1。以 0.5 $mol\cdot L^{-1}$ NaOH 溶液（装入滴定管中）调节，应边滴加边摇动溶液，并时时检查 pH，至溶液 pH 达到 1 为止。记下所加 0.5 $mol\cdot L^{-1}$ NaOH 溶液的体积（不必准确至小数点后第二位）。接着，加入 10 mL 0.1 $mol\cdot L^{-1}$ HNO_3 溶液及 2 滴二甲酚橙指示剂，此时，试液为紫红色。用 EDTA 标准溶液滴定，溶液由紫红色变为亮黄色即为滴定 Bi^{3+} 的终点，记下消耗的 EDTA 标准溶液的体积 V_1，填入表格 3-17 中。根据式 3-17，计算试液中 Bi^{3+} 的质量浓度。平行测定 3 份，要求相对平均偏差不大于 0.2%。

2. Pb^{2+} 质量浓度的测定

在滴定 Bi^{3+} 后的溶液中，滴加六次甲基四胺溶液，使试液呈现稳定的紫红色，再过量 5 mL，用 0.1 $mol\cdot L^{-1}$ EDTA 标准溶液滴定，溶液由紫红色变为亮黄色即为滴定 Pb^{2+} 的终点，记下消耗的 EDTA 标准溶液的体积 V_2，填入表格 3-18 中。根据式 3-18，计算试液中 Pb^{2+} 的质量浓度。平行测定 3 份，要求相对平均偏差不大于 0.2%。

五、数据记录

将实验数据记录在表 3-17、表 3-18。

表 3-17 Bi^{3+} 的质量浓度的测定

项目	1	2	3
V_{EDTA}（初读数）/mL			
V_{EDTA}（终读数）/mL			
V_1/mL			

表 3-18 Pb^{2+} 的质量浓度的测定

项目	1	2	3
V_{EDTA}（初读数）/mL			
V_{EDTA}（终读数）/mL			
V_2/mL			

六、思考题

（1）按本实验操作，滴定 Bi^{3+} 的起始酸度是否超过滴定 Bi^{3+} 的最高酸度？滴定至

Bi^{3+} 终点时，溶液中酸度为多少？此时，再加入 10 mL 200 $g \cdot L^{-1}$ 六次甲基四胺溶液后，溶液的 pH 约为多少？

（2）能否取等量混合试液两份，一份控制 pH 约为 1.0 滴定，另一份控制 pH 为 5 ～ 6 滴定 Bi^{3+}、Pb^{2+} 总量？为什么？

（3）滴定 Pb^{2+} 时要调节 pH 为 5 ～ 6，为什么加入六次甲基四胺而不加入乙酸钠？

（姚瑰玮）

拓展知识三　经典化学分析的主将

容量分析法，又称滴定分析法，是经典化学分析的一大主将。滴定分析法早在 18 世纪已经萌芽。1729 年，法国化学家日鲁瓦（C. J. Geoffroy）为了测定乙酸的浓度，以碳酸钾为基准物，用待测定浓度的乙酸滴加到碳酸钾中，以气泡停止作为滴定终点。这是第一次把中和反应用于分析化学。1750 年，法国化学家弗朗索（V. G. Franeois）用硫酸滴定矿泉水测其中的含碱量。为了使滴定终点明显，以紫罗兰浸液作为指示剂，当滴定到终点时溶液开始变红，以雪水作对照滴定。选用指示剂是弗朗索的一大贡献，对于提高滴定的准确性有很大的改进。由于适用于定量分析的化学反应和指示剂不多，滴定分析法并未得到迅速推广。

1806 年之后，滴定分析法广泛被采用。18 世纪 80 年代，沉淀反应开始用于滴定分析法。19 世纪 30—50 年代，滴定分析法的发展达到了极盛时期。1824 年，法国科学家盖吕萨克发明了用磺化靛青作指示剂测定漂白粉中有效氯的方法（代表氧化还原滴定法），之后他又创建了用硫酸滴定草木灰（代表酸碱滴定法）、用氯化钠滴定硝酸银的方法（代表沉淀滴定法）。滴定法利用氧化还原反应建立了碘量法、高锰酸钾法、铈量法等。配位滴定法创自李比希（J. von），他用银（I）滴定 CN^-。但直到 1945 年，施瓦岑巴赫（G. Schwarzenbach，瑞士）在广泛研究的基础上发明利用氨羧配位剂的配位滴定法，才使配位滴定法迅速发展，成为一种重要的滴定分析法。

滴定分析使用的仪器也有很大改进。1791 年，法国化学家德克劳西（F. A. H. Descroizilles）发明了最原始的滴定管，其形状像标了刻度的圆筒。法国科学家盖吕萨克改进了滴定管，在管的下部加了一个支管，并于 1824 年提出"burette"（滴定管）、"pipette"（吸量管）等术语。1846 年，法国人亨利（E. O. Henry）发明铜制活塞的玻璃滴定管。1855 年，德国化学家卡尔·弗里德里希·莫尔（K. F. Mohr）发明剪夹式的滴定管，他设计的可盛强碱溶液的滴定管至今仍在沿用。19 世纪中叶，滴定管开始使用玻璃磨口塞，后演变为现代的碱式/无塞滴定管。

19 世纪 50 年代后，滴定分析法中采用人工染料指示剂，又突破了滴定分析法发展中的一大障碍。1894 年，德国物理化学家 W. 奥斯特瓦尔德以电离平衡理论为基础，对滴定法的原理和指示剂的变色机理作了理论上的全面阐述。20 世纪初，有机染料合成化学的发展，为滴定分析法提供了大量的指示剂，从而使其应用领域迅速扩大，分析速度、精确度等逐渐超过了重量分析法，成为化学定量分析的主要手段。

（周　丹）

第四节　氧化还原滴定法实验

实验十一　双氧水中过氧化氢质量浓度的测定

一、实验目的

（1）了解 $KMnO_4$ 标准溶液的配制方法和保存条件。

（2）掌握用 $Na_2C_2O_4$ 作基准物质标定 $KMnO_4$ 溶液的原理、方法及滴定条件。

（3）掌握用高锰酸钾法测定过氧化氢含量的原理和方法。

二、实验原理

1. $KMnO_4$ 标准溶液的配制和标定

市售 $KMnO_4$（s）常含有少量 MnO_2 和其他杂质，如硫酸盐、氯化物及硝酸盐等，且氧化性很强，所以稳定性不高。在生产、储存及配制溶液的过程中，易与其他还原性物质发生反应。例如，配制时，蒸馏水中常含有少量的有机物质，能与 $KMnO_4$ 发生缓慢反应生成 MnO_2 和 $MnO(OH)_2$，它们可促使 $KMnO_4$ 自身分解，致使 $KMnO_4$ 浓度改变。因此，不能用直接法配制准确浓度的高锰酸钾标准溶液，通常先配制成近似浓度的溶液，再用基准物质标定其浓度。如果长期使用则必须定期进行标定。

标定 $KMnO_4$ 的基准物质较多，有 As_2O_3、$H_2C_2O_4 \cdot 2H_2O$、$Na_2C_2O_4$、$Fe(NH_4)_2(SO_4)_2 \cdot 6H_2O$ 和纯铁丝等。最常用的基准物质是 $Na_2C_2O_4$，因其不含结晶水，不吸潮，易提纯，性质稳定。用 $Na_2C_2O_4$ 标定 $KMnO_4$ 的反应式为：

$$2MnO_4^- + 5C_2O_4^{2-} + 16H^+ = 2Mn^{2+} + 10CO_2\uparrow + 8H_2O$$

达到化学计量点时，$5n_{MnO_4} = 2n_{Na_2C_2O_4}$。

此标定反应要在 H_2SO_4 酸性溶液预热至 75 ～ 85 ℃和有 Mn^{2+} 催化的条件下进行。滴定开始时，反应很慢，$KMnO_4$ 溶液必须逐滴加入。如果滴加过快，部分 $KMnO_4$ 将来不及与 $Na_2C_2O_4$ 反应，在热的酸性溶液中发生分解而造成误差，反应式为：

$$4KMnO_4 + 6H_2SO_4 = 2K_2SO_4 + 4MnSO_4 + 6H_2O + 5O_2\uparrow$$

在滴定过程中，溶液中逐渐有 Mn^{2+} 生成，由于 Mn^{2+} 的催化作用，使反应速度加快，所以滴定速度可稍加快些，以每秒 3 ～ 4 滴为宜。由于 $KMnO_4$ 溶液本身具有颜色，滴定时，溶液中有稍微过量的 MnO_4^- 即显淡红色，所以本实验的指示剂是 $KMnO_4$ 溶液，为自身指示剂，不需另加指示剂。

根据消耗 KMnO₄标准溶液的体积计算 KMnO₄标准溶液的浓度，计算公式如下：

$$c_{\text{KMnO}_4} = \frac{2c_{\text{Na}_2\text{C}_2\text{O}_4} \cdot V_{\text{Na}_2\text{C}_2\text{O}_4}}{5V_{\text{KMnO}_4}} \tag{3-19}$$

2. 双氧水中过氧化氢质量浓度的测定

过氧化氢的水溶液俗称双氧水，在工业、生物、医药等方面有广泛的应用，日常消毒的是医用双氧水。市售医用双氧水含 H_2O_2 2.5～3.5 g·L⁻¹，在酸性溶液中 H_2O_2 很容易被 KMnO₄氧化，反应式如下。

$$2MnO_4^- + 5H_2O_2 + 6H^+ \stackrel{}{=\!=\!=} 2Mn^{2+} + 5O_2\uparrow + 8H_2O$$

KMnO₄为自身指示剂，Mn^{2+}为自动催化剂。

达到化学计量点时：$5n_{\text{KMnO}_4} = 2n_{\text{H}_2\text{O}_2}$

根据消耗 KMnO₄标准溶液的体积计算双氧水中过氧化氢的质量浓度，计算公式如下。

$$\rho_{\text{H}_2\text{O}_2} = \frac{5c_{\text{KMnO}_4} \cdot V_{\text{KMnO}_4} \cdot M_{\text{H}_2\text{O}_2}}{2V_{\text{样}}} \tag{3-20}$$

三、仪器与试剂

（1）仪器。滴定管，移液管，吸量管，量筒，锥形瓶，恒温水浴箱。

（2）试剂。KMnO₄（s），0.050 00 mol·L⁻¹ Na₂C₂O₄标准溶液，2 mol·L⁻¹ H₂SO₄溶液，双氧水。

四、实验步骤

1. 0.020 mol·L⁻¹ KMnO₄标准溶液的配制

称取固体 KMnO₄1.6 g，溶于 500 mL 新煮沸过并且放冷的蒸馏水中，混匀，置棕色玻璃瓶内，于暗处放置 7～10 天；用垂熔玻璃漏斗过滤除去 MnO₂等杂质，保存于另一棕色玻璃瓶中。

2. 0.020 mol·L⁻¹ KMnO₄标准溶液的标定

用移液管移取 20.00 mL Na₂C₂O₄标准溶液于锥形瓶中，再用量筒量取 2 mol·L⁻¹ H₂SO₄溶液 10 mL 至锥形瓶中，在恒温水浴箱中加热 1～2 min。将待标定的 KMnO₄溶液装入滴定管中，记录滴定管初读数，并填入表 3-19。趁热对 Na₂C₂O₄溶液进行滴定，小心滴加 KMnO₄溶液，充分振摇，等第一滴紫红色褪去，再加第二滴。此后滴定速度控制在每秒 3～4 滴为宜。接近终点时，紫红色褪去很慢，应减慢速度，同时充分摇匀，直至最后半滴 KMnO₄溶液滴入摇匀后呈淡红色，保持 30 s 不褪色，即为滴定终点。记录消耗 KMnO₄溶液的体积，填入表 3-19。平行测定 3 次，要求结果的相对平均偏差≤0.2%。

根据式 3-19 计算 KMnO₄标准溶液的准确浓度。

3. 双氧水中过氧化氢质量浓度的测定

用吸量管移取 1.00 mL 双氧水至含约 10 mL 蒸馏水的锥形瓶中，加入 2 mol·L^{-1} H$_2$SO$_4$ 溶液 10 mL，用少量蒸馏水淋洗锥形瓶内壁，用 KMnO$_4$ 滴定，溶液颜色由无色变到淡红色，并保持 30 s 不褪色，即为滴定终点。记录消耗 KMnO$_4$ 溶液的体积，填入表 3–20。平行测定 3 次，要求结果的相对平均偏差 ≤0.2%。

根据式 3–20 计算双氧水中过氧化氢的质量浓度。

五、数据记录

将实验数据填入表 3–19、表 3–20。

表 3–19 0.020 mol·L^{-1} KMnO$_4$ 溶液的标定

项目	1	2	3
$c_{Na_2C_2O_4}$/mol·L^{-1}			
$V_{Na_2C_2O_4}$/mL			
V_{KMnO_4}（初读数）/mL			
V_{KMnO_4}（终读数）/mL			
V_{KMnO_4}/mL			

表 3–20 双氧水中过氧化氢的质量浓度的测定

项目	1	2	3
$V_{样品}$/mL			
c_{KMnO_4}/mol·L^{-1}			
V_{KMnO_4}（初读数）/mL			
V_{KMnO_4}（终读数）/mL			
V_{KMnO_4}/mL			

六、注意事项

（1）市售 KMnO$_4$（s）中常含少量 MnO$_2$ 杂质，在配成溶液后，MnO$_2$ 混在里面会起催化剂作用使 KMnO$_4$ 逐渐分解，所以必须过滤除去（过滤不可用滤纸）。配制必须使用新煮沸并放冷的蒸馏水，也不应含有有机还原剂，以防还原 KMnO$_4$。光线能促使 KMnO$_4$ 分解，故配好的 KMnO$_4$ 溶液应贮于棕色玻璃瓶中，密闭保存，并在暗处放置 7～10 天后再标定。

（2）由于 KMnO$_4$ 和 Na$_2$C$_2$O$_4$ 的反应较慢，需加热，但反应仍然较慢，故开始滴定时加入的高锰酸钾颜色不能立即褪色，但一经反应生成 Mn^{2+} 后，Mn^{2+} 对反应有催化作用，反应速度就会加快。

（3）标定 $KMnO_4$ 滴定终了时，溶液温度应不低于 55℃，否则因反应速度较慢会影响终点的观察与准确性。

（4）过氧化氢溶液有很强的腐蚀性，要防止溅洒到皮肤或衣物上。

（5）严格控制滴定速度，慢→快→慢，开始反应慢，第一滴红色消失后加第二滴，此后反应加快时可以快滴，但仍是逐滴加入，防止 $KMnO_4$ 过量分解造成误差，滴定至颜色褪去较慢时，应再放慢速度。

七、思考题

（1）$KMnO_4$ 标准溶液能否直接配制？

（2）如何在滴定管中读取有色溶液的读数？

（3）溶液的酸度过低或过高对本实验有何影响？

（4）本实验加热的目的何在？温度过高（如 90～100 ℃）行吗？

（5）用 $KMnO_4$ 滴定双氧水时，溶液是否可以加热？

（6）用 $KMnO_4$ 法测定 H_2O_2 溶液时，能否用 HNO_3、盐酸和 CH_3COOH 调节酸度？为什么？

（艾朝辉）

实验十二　直接碘量法测定热带果蔬中维生素 C 的质量分数

一、实验目的

（1）掌握 I_2 标准溶液的配制方法。

（2）掌握直接碘量法测定热带果蔬中维生素 C 的测定原理。

（3）熟悉维生素 C 的测定方法和计算。

（4）进一步掌握碘量法的操作。

二、实验原理

1. 维生素 C 含量的测定

用 I_2 标准溶液（$\varphi^{\theta}_{I_2/I^-} = 0.535 \text{ V}$）滴定电位比 $\varphi^{\theta}_{I_2/I^-}$ 更低的还原性物质的滴定分析方法称为直接碘量法。

维生素 C（$C_6H_8O_6$，176.12 $g \cdot mol^{-1}$），又称抗坏血酸，维生素 C 是常用的还原剂。其结构中的烯二醇基具有较强的还原性（$\varphi^{\theta} = 0.18 V$），能被 I_2 定量地氧化成二酮基。反应式如下。

维生素 C 具有较强的还原性，在碱性溶液中，极易被空气中的氧气氧化，因此，滴定反应常在乙酸酸性溶液中进行。该反应可以用来直接测定药片、注射液和果蔬中维生素 C 的含量。维生素 C 的质量分数按下式进行计算：

$$\omega_{Vit-C} = \frac{c_{I_2} \cdot V_{I_2} \cdot M_{C_6H_8O_6}}{m_{样} \times 1\ 000} \qquad (3-21)$$

2. I_2 标准溶液的配制

因碘具有挥发性和腐蚀性，不易准确称量，碘标准溶液通常用标定法配制。

I_2 在纯水中的溶解度很小，易溶于 KI 溶液中，I_2 与 I^- 形成可溶性的 I_3^- 配离子，这样既增大了 I_2 的溶解度，又降低了 I_2 的挥发性。因此配制 I_2 溶液时，先取一定量的 I_2 固体，加入 KI 的浓溶液，用少量水研磨，完全溶解后加入少量盐酸（目的是除掉 I_2 中微量的 KIO_3 等杂质；中和配制 $Na_2S_2O_3$ 标准溶液时加入的少量稳定剂 Na_2CO_3），再加水稀释至所需体积，用垂熔玻璃漏斗滤过后，保存在棕色瓶中。

I_2 标准溶液的浓度，可用基准物 As_2O_3 标定，也可用已知浓度的 $Na_2S_2O_3$ 标准溶液标定。由于 As_2O_3 有剧毒，故在本实验中采用 $Na_2S_2O_3$ 标准溶液。

滴定反应式如下。

$$2S_2O_3^{2-} + I_2 = S_4O_6^{2-} + 2I^-$$

滴定过程中，以淀粉为指示剂，终点时，溶液呈淡蓝色。根据消耗的 I_2 标准溶液的体积计算 I_2 标准溶液的浓度，计算公式如下。

$$c_{I_2} = \frac{c_{Na_2S_2O_3} \cdot V_{Na_2S_2O_3}}{2V_{I_2}} \qquad (3-22)$$

三、仪器与试剂

（1）仪器。分析天平，台秤，容量瓶，玻璃棒，移液管，锥形瓶，吸量管，量筒，滴定管，烧杯。

（2）试剂。0.5% 淀粉指示液，0.10 mol·L⁻¹ CH₃COOH 溶液，I_2，KI，4.0 mol·L⁻¹ HCl，0.051 97 mol·L⁻¹ $Na_2S_2O_3$ 标准溶液，热带果蔬样品。

四、实验步骤

1. 0.05 mol·L⁻¹ I_2 标准溶液的配制

在台秤上称取 6.5 g I_2 和 20 g KI 置于 500 mL 棕色瓶中，加入约 15 mL 水，充分摇动试剂瓶至 I_2 完全溶解，加入 4.0 mol·L⁻¹ 盐酸 2 mL，加水稀释至 500 mL，摇匀，放置过夜待标定。

2. 0.05 mol·L^{-1}I$_2$标准溶液的标定

用移液管准确移取 0.051 97 mol·L^{-1}Na$_2$S$_2$O$_3$标准溶液 20.00 mL 于 250 mL 洁净的锥形瓶中，加入 0.5% 淀粉指示液 1 mL，用少量蒸馏水淋洗锥形瓶内壁，摇匀后，用 I$_2$标准溶液滴定至溶液呈淡蓝色，且保持 30 s 不褪色即为滴定终点。记录消耗 I$_2$溶液的体积，填入表 3 - 21。平行测定 3 次，要求结果的相对平均偏差≤0.2%。

根据式 3 - 22 计算 I$_2$标准溶液的准确浓度。

3. 维生素 C 质量分数的测定

洗净新鲜果蔬样品，用纱布或吸水纸吸干表面水分，精密称取 10.0 g，加入稀 CH$_3$COOH 溶液 20 mL，用榨汁机榨成果汁。倒入 100 mL 容量瓶中，以新煮沸放冷的蒸馏水稀释至刻度，静置 10 min，过滤滤液备用。

移取上述试液 50.00 mL 维生素 C 样品于锥形瓶中，加入 2 mL 淀粉指示液，用少量蒸馏水淋洗锥形瓶内壁，摇匀后，立即用标定好的 I$_2$标准溶液滴定至溶液呈淡蓝色，且 30 s 不褪色，即为滴定终点。平行测定 3 次，记录数据，填入表 3 - 22。

根据式 3 - 21 计算维生素 C 的质量分数。

五、数据记录

将实验数据填入表 3 - 21、表 3 - 22

表 3 - 21　0.05 mol·L^{-1}I$_2$标准溶液的标定

项目	1	2	3
$c_{Na_2S_2O_3}$/mol·L^{-1}			
$V_{Na_2S_2O_3}$/mL			
V_{I_2}（初读数）/mL			
V_{I_2}（终读数）/mL			
V_{I_2}/mL			

表 3 - 22　维生素 C 质量浓度的测定

项目	1	2	3
c_{I_2}/mol·L^{-1}			
$m_{样}$/g			
V_{I_2}（初读数）/mL			
V_{I_2}（终读数）/mL			
V_{I_2}/mL			

六、注意事项

（1）用 Na$_2$S$_2$O$_3$标定 I$_2$时，滴定前，溶液要加水稀释，目的是降低酸度，避免 Na$_2$S$_2$O$_3$的分解。

（2）碘具有挥发性，因此配制好的溶液应避光保存在棕色瓶中。若碘溶液长时间放置，使用前应重新标定。

（3）在酸性介质中，维生素 C 被氧化速率稍慢，较为稳定。但在样品溶于稀乙酸后，仍需立即进行滴定。3 份平行实验的样品不宜提前准备。

七、思考题

（1）配制 I_2 标准溶液时，为什么要加入 KI？为什么要加入盐酸？

（2）维生素 C 本身是一种酸，为什么测定时还要加酸？

（周　丹）

实验十三　间接碘量法测定漂白粉中有效氯

一、实验目的

（1）掌握 $Na_2S_2O_3$ 溶液的配制方法和保存条件。

（2）了解标定 $Na_2S_2O_3$ 溶液浓度的原理和方法。

（3）掌握间接碘量法测定漂白粉中有效氯的原理。

二、实验原理

1. 漂白粉中有效氯的测定

在常温下，将氯气通入消石灰中反应所得的物质即为漂白粉，其反应式如下。

$$2Cl_2 + 2Ca(OH)_2 =\!=\!= Ca(ClO)_2 + CaCl_2 + 2H_2O$$

$Ca(ClO)_2$ 虽然也会分解，但它的水溶液在低温下存放只会分解一半左右，比 HClO 稳定得多。

漂白粉的组成很复杂，主要由 $CaCl_2$、$Ca(ClO)_2 \cdot 3H_2O$ 和 $CaCl_2$、$Ca(OH)_2 \cdot H_2O$ 所组成，其有效成分是 $Ca(ClO)_2$。次氯酸钙是白色粉末，微溶于水。有效氯的气味暴露在空气里会潮解失效，温水或酒精亦会使之分解。漂白是因稀酸或二氧化碳的作用，使漂白粉生成次氯酸而氧化掉有色有机物。工业上用熟石灰吸收氯气制取，用为漂白、消毒和杀菌剂。漂白粉可被二氧化碳逐渐分解在潮湿的空气中，不易保存。

工业上用有效氯（$35.45\ g \cdot mol^{-1}$）来表示漂白粉的漂白能力，有效氯是指含氯化合物（尤其是作为消毒剂时）中氧化能力相当的氯量。有效氯的测定采用间接碘量法，即利用碘离子的还原性与其反应，定量析出单质碘，用硫代硫酸钠标准溶液滴定生成的碘，根据消耗的 $Na_2S_2O_3$ 溶液的体积和浓度可计算有效氯。

反应方程式如下。

$$ClO^- + 2I^- + 2H^+ =\!=\!= Cl^- + I_2 + H_2O$$

$$2S_2O_3^{2-} + I_2 =\!=\!= 2I^- + S_4O_6^{2-}$$

漂白粉有效氯的计算公式为：

$$\omega_{Cl_2} = \frac{\dfrac{1}{2}c_{Na_2S_2O_3} \times V_{Na_2S_2O_3} \times M_{Cl_2}}{m_{样} \times \dfrac{20.00}{100.00} \times 1000} \qquad (3-23)$$

2. $Na_2S_2O_3$ 标准溶液的配制与标定

$Na_2S_2O_3 \cdot 5H_2O$ 一般都含有少量杂质，如 Na_2SO_4、Na_2SO_3、Na_2CO_3、$NaCl$ 等，而且，还不够稳定，易分解。溶解的 CO_2、细菌和光照都能使其分解，水中的 O_2 也能将其氧化。故配制 $Na_2S_2O_3$ 溶液时，最好采用新煮沸并冷却的蒸馏水，以除去水中的 CO_2 和 O_2 并杀死细菌。加入少量的 Na_2CO_3 使溶液呈弱碱性，以抑制 $Na_2S_2O_3$ 的分解和细菌的生长。配制好的溶液贮存于棕色瓶中，放置 $7\sim14$ 天，待溶液浓度趋于稳定后再标定。

通常采用 $K_2Cr_2O_7$（$M_{K_2Cr_2O_7} = 294.19$ g·mol^{-1}）为基准物，以淀粉溶液为指示剂，用间接碘量法标定 $Na_2S_2O_3$ 溶液。因 $K_2Cr_2O_7$ 和 $Na_2S_2O_3$ 的反应产物有多种，不能按确定的反应式进行，故不能用 $K_2Cr_2O_7$ 直接滴定 $Na_2S_2O_3$。应先使 $K_2Cr_2O_7$ 与过量的 KI 反应，析出与 $K_2Cr_2O_7$ 计量相当的 I_2。再用 $Na_2S_2O_3$ 溶液滴定 I_2，反应方程式如下。

$$Cr_2O_7^{2-} + 6I^- + 14H^+ =\!=\!= 2Cr^{3+} + 3I_2 + 7H_2O$$
$$2S_2O_3^{2-} + I_2 =\!=\!= 2I^- + S_4O_6^{2-}$$

计算公式如下。

$$c_{Na_2S_2O_3} = \frac{6 \times m_{K_2Cr_2O_7} \times 1000}{M_{K_2Cr_2O_7} \times V_{Na_2S_2O_3}} \qquad (3-24)$$

三、仪器与试剂

（1）仪器。滴定管，移液管，容量瓶，碘量瓶，量筒，托盘天平，电子分析天平，烧杯，玻璃棒。

（2）试剂。结晶硫代硫酸钠（$Na_2S_2O_3 \cdot 5H_2O$），重铬酸钾，漂白粉，冰乙酸，10% KI 溶液，4 mol·L^{-1} 盐酸，1% 淀粉指示液。

四、实验步骤

1. 0.10 mol·L^{-1} 硫代硫酸钠溶液的配制

称取 13 g 结晶硫代硫酸钠（$Na_2S_2O_3 \cdot 5H_2O$）或 8 g 无水硫代硫酸钠溶于 500 mL 水

分析化学实验

中，缓缓煮沸 10 min，冷却。放置两周后过滤，待标定。

2．0.10 mol·L⁻¹硫代硫酸钠溶液的标定

称取基准重铬酸钾 0.098 1～0.112 6 g（称准至 0.000 1 g）于 250 mL 碘量瓶中，加 25 mL 水使其溶解。加入 20 mL 10% KI 溶液及 5 mL 4 mol·L⁻¹盐酸，立即盖上瓶塞，轻轻摇匀，以少量蒸馏水封住瓶口，于暗处放置 10 min 后，慢慢打开塞子，让密封水沿瓶塞流入瓶中，用少量水将瓶口及塞子上的碘液洗入瓶中，再加入 50 mL 蒸馏水稀释，立即用 $Na_2S_2O_3$ 溶液滴定，接近终点（淡黄绿色）时，加入 1 mL 淀粉指示液，继续滴定至溶液由蓝色变为亮绿色即为终点。记录数据在表 3–23 中。根据式 3–24 计算 $Na_2S_2O_3$ 标准溶液的浓度。平行测定 3 份，要求相对平均偏差不大于 0.2%。

3．漂白粉样品溶液的配制

准确称取 0.71 g 漂白粉样品于小烧杯中，加 5 mL 蒸馏水，用玻璃棒搅拌成糊状，再加入蒸馏水使其成悬浮液，转移至 100 mL 容量瓶中，水洗烧杯数次，洗涤液一并倒入容量瓶，定容，摇匀。

4．漂白粉中有效氯的测定

用移液管吸取待测试液 20.00 mL，置于碘量瓶中，加 10 mL 10% 碘化钾溶液和 2 mL 冰乙酸，塞上瓶塞，用蒸馏水封口，在暗处放置 5 min 后，用硫代硫酸钠标准溶液滴定至淡黄色，加 1 mL 淀粉指示液，继续滴定至蓝色消失为终点，记录数据在表 3–24 中。根据式 3–24 计算样品中有效氯。平行测定 3 份，要求相对平均偏差不大于 0.2%。

五、数据记录

将实验数据填入表 3–23、表 3–24。

表 3–23 0.10 mol·L⁻¹硫代硫酸钠溶液的标定

项目	1	2	3
$m_{K_2Cr_2O_7}$ /g			
$V_{Na_2S_2O_3}$（初读数）/mL			
$V_{Na_2S_2O_3}$（终读数）/mL			
$V_{Na_2S_2O_3}$ /mL			

表 3–24 漂白粉中有效氯的测定

项目	1	2	3
$V_{Na_2S_2O_3}$（初读数）/mL			
$V_{Na_2S_2O_3}$（终读数）/mL			
$V_{Na_2S_2O_3}$ /mL			

六、注意事项

（1）在实验过程中，为了防止 I_2 的挥发造成结果偏低，通常采用的措施有三种：

①使用碘量瓶或带磨口塞的锥形瓶。

②加入过量的 KI（一般过量 $2 \sim 3$ 倍），目的是增大 I_2 的溶解度（$I_2 + I^- \rightarrow I_3^-$）。

③低于室温且避光反应 $5 \sim 10$ min。

（2）在滴定过程中，要保证在中性或弱酸性溶液中及低温（$< 25℃$）下进行滴定。氧化析出的 I_2 必须立即进行滴定，为了减少 I^- 与空气的接触。滴定时，不应剧烈摇荡，终点用淀粉指示剂来确定，在有少量 I^- 存在下，I_2 与淀粉反应形成蓝色吸附配合物，根据蓝色的出现或消失来指示终点。淀粉溶液应用新鲜配制的，若放置过久，则与 I_2 形成的配合物不呈蓝色而呈紫红色。这种紫红色吸附配合物在用 $Na_2S_2O_3$ 滴定慢，终点不敏锐。

（3）析出 I_2 后，不能让溶液放置过久。

（4）滴定速度宜适当地快些，且缓慢摇动碘量瓶。

（5）淀粉指示液应在滴定近终点时加入，如果过早地加入，淀粉会吸附较多的 I_2，使滴定结果产生误差。

（6）所用 KI 溶液中不应含有 KIO_3 或 I_2，如果 KI 溶液显黄色或将溶液酸化后加入淀粉指示液显蓝色，则应事先用 $Na_2S_2O_3$ 溶液滴定至无色后再使用。

（7）滴定前将溶液稀释以降低酸度，目的是：

①防止 $Na_2S_2O_3$ 在滴定过程中遇强酸而分解，$S_2O_3^{2-} + 2H^+ \rightleftharpoons S\downarrow + H_2SO_3$。

②降低 Cr^{3+}，有利于终点观察。

七、思考题

用重铬酸钾标定硫代硫酸钠溶液时，下列做法的原因是什么？

（1）加入 KI 后，于暗处放置 10 min。

（2）滴定前，加 50 mL 水。

（3）临近终点时，加入淀粉指示剂。

（姚瑰玮）

实验十四　水中化学耗氧量 *COD* 的测定

一、目的要求

（1）熟悉化学耗氧量 *COD* 的定义。

（2）了解水样中耗氧量 *COD* 与水体污染的关系。

（3）掌握高锰酸钾法及重铬酸钾法测定水中 *COD* 的原理及方法。

二、实验原理

COD 是指在一定的条件下，使用强氧化剂处理水体时所消耗氧化剂的量，换算成氧气

（ $M_{O_2} = 32.00 \ \text{g} \cdot \text{mol}^{-1}$ ）的含量（单位 $\text{mg} \cdot \text{L}^{-1}$ ）。化学耗氧量反映水中受还原性物质污染的程度。水中的还原性物质有亚硝酸盐、亚铁盐、硫化物、有机物等，所以 COD 测定又可反映水中有机物的含量。

测定水中化学耗氧量的方法主要有两种：酸性高锰酸钾法和重铬酸钾法。

1. 酸性高锰酸钾法

地表水、地下水、饮用水及生活污水中 COD 的测定可用酸性高锰酸钾法。测定样品时，在水样中加入硫酸使之呈酸性后，加入一定量的高锰酸钾溶液（ V_1 ），置沸水浴中加热，使其中的还原性物质氧化，剩余的高锰酸钾溶液用一定量过量的草酸钠还原，再以高锰酸钾标准溶液（ V_2 ）返滴定剩余的草酸钠。

通过实际消耗高锰酸钾的量来计算水中还原性物质的量。反应方程式如下。

$$4MnO_4^- + 5C + 12H^+ \xlongequal{} 4Mn^{2+} + 5CO_2 + 6H_2O$$
$$2MnO_4^- + 5C_2O_4^{2-} + 16H^+ \xlongequal{} 2Mn^{2+} + 10CO_2 + 8H_2O$$

酸性高锰酸钾法测定水中化学耗氧量的计算公式如下。

$$COD = \frac{\left[\frac{5}{4}c_{KMnO_4}(V_1 + V_2) - \frac{1}{2}c_{Na_2C_2O_4} \cdot V_{Na_2C_2O_4} \right] \times M_{O_2} \times 1\,000}{V_{水样}} \tag{3-25}$$

2. 重铬酸钾法

水中化学耗氧量也可采用重铬酸钾法测定。测定样品时，在强酸性条件下，加入过量的重铬酸钾溶液氧化水中还原性物质。待反应完全后，用硫酸亚铁铵 $(NH_4)_2Fe(SO_4)_2$ 标准溶液（ V_1 ）滴定剩余的重铬酸钾溶液，以邻菲罗啉为指示剂。同时做空白实验，记录消耗的 $(NH_4)_2Fe(SO_4)_2$ 标准溶液（ V_0 ）。根据消耗的硫酸亚铁铵标准溶液的体积和浓度，计算化学耗氧量。反应方程式如下。

$$Cr_2O_7^{2-} + 6Fe^{2+} + 14H^+ \xlongequal{} 2Cr^{3+} + 6Fe^{3+} + 7H_2O$$

为防止氯离子的干扰，需在回流前向水样中加入硫酸汞，使之成为配合物以消除干扰。

重铬酸钾法测定水中化学耗氧量计算公式如下。

$$COD = \frac{(V_0 - V_1) \times c_{(NH_4)_2Fe(SO_4)_2} \times 8 \times 1000}{V_{水样}} \tag{3-26}$$

三、仪器和试剂

（1）仪器。恒温水浴装置，锥形瓶，滴定管，滴定台，移液管，吸耳球，玻璃棒，吸量管，回流装置，电炉。

（2）试剂。水样，25% 硫酸，$0.100\ 0\ mol \cdot L^{-1}$ 草酸钠标准溶液，$0.020\ 00\ mol \cdot L^{-1}$ 高锰酸钾标准溶液，$0.250\ 0\ mol \cdot L^{-1}$ 重铬酸钾标准溶液，$0.100\ 0\ mol \cdot L^{-1}$ 硫酸亚铁铵标准溶液，邻菲罗啉指示液，1% 硫酸 – 硫酸银溶液。

四、实验步骤

1. 酸性高锰酸钾法测定水中化学耗氧量

分别取 3 份 100 mL 水样于锥形瓶中。加入 5 mL 25% 硫酸，混匀，用滴定管加入 5.00 mL $0.020\ 00\ mol \cdot L^{-1}$ 高锰酸钾标准溶液，混匀，立即放入沸水浴中加热 30 min（从水浴重新沸腾起计时）。沸水的浴液面要高于锥形瓶中溶液的液面。取出锥形瓶，趁热用移液管加入 20.00 mL $0.100\ 0\ mol \cdot L^{-1}$ 草酸钠标准溶液，摇匀，此时溶液由红色变为无色。立刻用 $0.020\ 00\ mol \cdot L^{-1}$ 高锰酸钾标准溶液滴定至溶液呈现微红色，实验数据填在表 3 – 25 中。根据式 3 – 25 计算水的化学耗氧量。

2. 重铬酸钾法测定水中化学耗氧量

取 20.00 mL 混合均匀的水样于 250 mL 磨口的回流锥形瓶中，用移液管准确加入 10.00 mL $0.250\ 0\ mol \cdot L^{-1}$ 重铬酸钾标准溶液，加入数粒洗净的玻璃珠，连接回流冷凝管，从冷凝管上口端慢慢加入 30 mL 硫酸 – 硫酸银溶液，轻摇锥形瓶使溶液混匀，加热回流 2 h（溶液开始沸腾时计时）。冷却后，用 90 mL 水从上部冲洗冷凝管壁，取下锥形瓶。要注意溶液总体积不得少于 140 mL。待溶液再度冷却后，加入邻菲罗啉指示剂 2 ~ 3 滴，用硫酸亚铁铵标准溶液滴定，至溶液的颜色由黄色经蓝绿色变为红褐色即为终点。记录消耗的硫酸亚铁铵标准溶液的体积。平行测定 3 次。同时，取 20.00 mL 蒸馏水，按以上操作步骤做空白试验。记录空白试验消耗的硫酸亚铁铵标准溶液的体积，填入表 3 – 26。根据式 3 – 26 计算 COD。

五、数据记录

将实验数据填入表 3 – 25、表 3 – 26。

表 3 – 25　酸性高锰酸钾法

项目	1	2	3
$c_{Na_2C_2O_4} / mol \cdot L^{-1}$			
$V_{水样} / mL$			
V_{KMnO_4}（初读数）/mL			
V_{KMnO_4}（终读数）/mL			
V_{KMnO_4} / mL			

表 3 –26　重铬酸钾法

项目	1	2	3
$c_{硫酸亚铁铵}$ /mol · L^{-1}			
$V_{水样}$ /mL			
$V_{硫酸亚铁铵}$（初读数）/mL			
$V_{硫酸亚铁铵}$（终读数）/mL			
$V_{硫酸亚铁铵}$ /mL			

六、注意事项

（1）采集水样时，注意不要使水样曝气或有气泡存在采样瓶中。可以用水样冲洗溶解氧瓶后，再沿瓶壁直接倾注水样，或用缸吸法将细管插入溶解氧瓶底部，注入水样至溢流出瓶容积的 1/3 ～ 1/2。

（2）在水浴中加热完后，溶液应仍保持淡红色。如溶液颜色变浅或全部褪去，说明高锰酸钾溶液的用量不够。此时，应将水样稀释倍数加大，然后再进行测定。

（3）在酸性条件下，草酸钠和高锰酸钾的反应温度应保持在 60 ～ 80 ℃。滴定操作必须趁热进行，如果溶液温度过低，需要适当加热。

（4）高锰酸钾法仅用于测定未被严重污染的水样。污水及工业废液中含有许多复杂的有机物，不能被高锰酸钾氧化，因此，不能用此法。

七、思考题

（1）配制高锰酸钾溶液时，为什么要把溶液煮沸、放置和过滤？

（2）为什么水样中 Cl$^-$ 含量高会对测定有干扰？怎样消除？

（3）回流时加入硫酸—硫酸银溶液有什么作用？

（4）测定水中化学耗氧量有什么意义？

（陈湛娟）

实验十五　铜盐中铜的质量分数的测定

一、实验目的

（1）掌握铜盐中铜的测定原理和测定方法。

（2）掌握淀粉指示剂的正确使用，学习终点的判断和观察。

二、实验原理

铜盐如 $CuSO_4 · 5H_2O$ 铜的质量分数一般采用碘量法测定。在弱酸性溶液中（pH =

$3 \sim 4$），Cu^{2+}与过量的 KI 作用，生成 CuI 沉淀和 I_2。反应式为：

$$2Cu^{2+} + 4I^- \rlap{=\!=} 2CuI\downarrow + I_2$$

$$或\ 2Cu^{2+} + 5I^- \rlap{=\!=} 2CuI\downarrow + I_3^-$$

可见，在上述反应中，I^-不仅是Cu^{2+}的还原剂，还是Cu^{2+}的沉淀剂和I_2的配位剂，析出的I_2可用淀粉为指示剂，用$Na_2S_2O_3$标准溶液滴定。反应式为：

$$2S_2O_3^{2-} + I_2 \rlap{=\!=} S_4O_6^{2-} + 2I^-$$

$$n_{S_2O_3^{2-}} = n_{Cu^{2+}}$$

铜的质量分数的计算公式为：

$$\omega_{Cu} = \frac{c_{Na_2S_2O_3} \times V_{Na_2S_2O_3} \times M_{Cu} \times 10^{-3}}{m_{试样}} \times 100\% \qquad (3-27)$$

Cu^{2+}与I^-之间的反应是可逆的，任何引起Cu^{2+}浓度减小（如Cu^{2+}配合物等）或引起 CuI 溶解度增大的因素均使反应不完全，加入过量的 KI 可使Cu^{2+}的还原趋于完全，但是 CuI 沉淀强烈吸附I_3^-，又会使结果偏低。通常的办法是在接近终点时加入硫氰酸盐，将 CuI（$K_{sp} = 1.1 \times 10^{-12}$）转化为溶解度更小的 CuSCN 沉淀（$K_{sp} = 1.1 \times 10^{-15}$），反应式为：

$$CuI + SCN^- \rlap{=\!=} CuSCN\downarrow + I^-$$

在沉淀转化过程中，吸附的碘被释放出来，从而被$Na_2S_2O_3$溶液滴定，使分析结果的准确度得到提高。但硫氰酸盐应在接近终点时加入，否则SCN^-会还原大量存在的I_2，致使测定结果偏低。控制溶液的 pH 在 $3 \sim 4$。酸度过低，Cu^{2+}易水解，使反应不完全，结果偏低，而且反应速率慢，终点拖长；酸度过高，则I^-被空气中的氧氧化为I_2（Cu^{2+}催化此反应），使结果偏高。

三、仪器和试剂
（1）仪器。滴定管，量筒，碘量瓶，移液管，容量瓶，分析天平。
（2）试剂。$0.100\ 0\ mol \cdot L^{-1}$ $Na_2S_2O_3$标准溶液，10% KI 溶液（使用前配制），10% KSCN 溶液，$1\ mol \cdot L^{-1}$ H_2SO_4，0.5% 淀粉溶液，$CuSO_4 \cdot 5H_2O$试样。

四、实验步骤
准确称取 $CuSO_4 \cdot 5H_2O$ $0.400\ 0 \sim 0.500\ 0$ g，置于 250 mL 碘量瓶中，加入 5 mL $1\ mol \cdot L^{-1}$ H_2SO_4 和 20 mL 水使其溶解。加入 10 mL 10% KI 溶液，立即用 $Na_2S_2O_3$ 标准

溶液滴定至颜色变浅，加入 2 mL 淀粉指示剂，继续滴定至呈浅蓝色，再加入 10 mL 10% KSCN，溶液蓝色变成深蓝色，再继续用 $Na_2S_2O_3$ 标准溶液滴定至蓝色刚好消失即为终点。此时，溶液呈米色或浅肉红色。记录数据在表 3-27 中。根据式 3-27 计算铜盐中铜的质量分数，平行测定 3 份，要求相对平均偏差不大于 0.2%。

五、数据记录

将实验数据填入表 3-27。

表 3-27　铜盐中铜质量分数的测定

项目	1	2	3
$m_{CuSO_4 \cdot 5H_2O}$ /g			
$V_{Na_2S_2O_3}$（初读数）/mL			
$V_{Na_2S_2O_3}$（终读数）/mL			
$V_{Na_2S_2O_3}$ /mL			

六、注意事项

（1）若试样中含 Fe^{3+} 可加入 NH_4HF_2 控制溶液 pH 在 3～4，这种缓冲溶液（HF/F^-）同时也提供了 F^- 作为掩蔽剂，可使共存 Fe^{3+} 转化为 $[FeF_6]^{3-}$ 以消除其对 Cu^{2+} 测定的干扰。若试样中不含 Fe^{3+} 可不加 NH_4HF_2。

（2）滴定速度要控制好，既要主反应进行完全，又要避免 I_2 的挥发损失或 I^- 被空气氧化为 I_2。滴定过程中，锥形瓶不宜剧烈摇动，最好使用碘量瓶。

（3）注意防止 I_2 的挥发，滴定时，应快滴慢摇。

（姚瑰玮）

实验十六　碘量法测定水中溶解氧

一、实验目的

（1）了解水中溶解氧的概念。
（2）掌握碘量法滴定的基本原理。
（3）熟悉碘量法测定溶解氧的基本操作步骤。

二、实验原理

溶解氧（dissolved oxygen，DO）是指溶解在水里氧的量，用每升水里氧气的毫克数表示。水中溶解氧的多少是衡量水体自净能力的一个指标，它跟空气里氧的分压、大气压、水温和水质有密切的关系。水里的溶解氧由于空气里氧气的溶入及绿色水生植物的光合作用会不断得到补充，但当水体受到有机物污染，耗氧严重，溶解氧得不到及时补充，水体中的厌氧菌就会很快繁殖，有机物因腐败而使水体变黑、发臭。

水中溶解氧的测定，一般用碘量法。在水样中加入硫酸锰和碱性碘化钾，水中溶解氧将低价锰氧化成高价锰，生成四价锰的氢氧化锰棕色沉淀。氢氧化锰性质极不稳定，迅速与水中溶解氧化合生成锰酸锰。加酸后，锰酸锰沉淀溶解，并与碘离子反应而释放出游离碘。溶解氧越多，析出的碘也越多，以淀粉为指示剂，用硫代硫酸钠标准溶液滴定释放出的碘，根据硫代硫酸钠标准溶液消耗量计算溶解氧。相关反应式如下。

$$2MnSO_4 + 4NaOH = 2Mn(OH)_2 + 2Na_2SO_4$$
$$2Mn(OH)_2 + O_2 = 2H_2MnO_3$$
$$H_2MnO_3 + Mn(OH)_2 = MnMnO_3 + 2H_2O$$
$$（棕色沉淀）$$
$$2KI + H_2SO_4 = 2HI + K_2SO_4$$
$$MnMnO_3 + 2H_2SO_4 + 2HI = 2MnSO_4 + I_2 + 3H_2O$$
$$I_2 + 2Na_2S_2O_3 = 2NaI + Na_2S_4O_6$$

水中溶解氧的计算公式如下。

$$DO = \frac{c_{Na_2S_2O_3} \times V_{Na_2S_2O_3} \times \frac{1}{4}M_{O_2} \times 1000}{V_{水样}} \tag{3-28}$$

三、仪器与试剂

（1）仪器。溶解氧瓶，锥形瓶，滴定管，移液管，吸球。

（2）试剂。水样，浓硫酸，1%淀粉溶液，碘化钾，0.010 00 mol·L^{-1}硫代硫酸钠标准溶液，硫酸锰，氢氧化钠。

四、实验步骤

1. 硫酸锰溶液的配制

称取 480 g 硫酸锰（MnSO$_4$·H$_2$O），溶解于 1 000 mL 蒸馏水中，过滤备用。

2. 碱性碘化钾溶液的配制

称取 500 g 氢氧化钠，溶解于 400 mL 蒸馏水中。称取 150 g 碘化钾，溶解于 200 mL 蒸馏水中。将上述两种溶液合并，加蒸馏水稀释至 1 000 mL。

3. 1%淀粉

称取 0.5 g 淀粉于烧杯中，加入 5 mL 蒸馏水，搅拌均匀，缓缓倾入 100 mL 沸水中，边加边搅拌，继续煮沸 2 min，放置冷却，取上层清夜，即得。

4. 水中溶解氧的测定

在自来水水龙头接一段乳胶管，打开水龙头，放水 10 min 后，将乳胶管插入溶解氧瓶底部，收集水样，使水样从瓶口中溢流 10 min 左右。取样时水的流速不应过大，严禁气泡的产生。将吸量管插入液面下，依次加入 1 mL 硫酸锰溶液及 2 mL 碱性碘化钾溶液，盖好瓶塞，勿使瓶内有气泡，颠倒混合 15 次后，静置。待棕色絮状沉淀降到一半时，再颠倒 5 次。

打开瓶塞，立即将吸管插入液面下，加入 2 mL 浓硫酸，盖好瓶塞，颠倒混合摇匀至沉淀物全部溶解。若溶解不完全，继续加入少量浓硫酸，但不可溢流出溶液。放置于暗处 5 min。用移液管吸取 100 mL 上述溶液于锥形瓶中，用 0.010 00 mol·L^{-1} 硫代硫酸钠标准溶液滴定至溶液呈浅黄色，加入 2 mL 淀粉溶液，继续滴定至蓝色溶液恰好褪去为滴定终点，平行测定 3 次，记录消耗硫代硫酸钠标准溶液的体积于表 3-28。根据（式 3-28）计算溶解氧。

五、数据记录

将实验数据填入表 3-28。

表 3-28　水中溶解氧的测定

项目	1	2	3
$c_{Na_2S_2O_3}$ /mol·L^{-1}			
$V_{水样}$ /mL			
$V_{Na_2S_2O_3}$（初读数）/mL			
$V_{Na_2S_2O_3}$（终读数）/mL			
$V_{Na_2S_2O_3}$ /mL			

六、注意事项

（1）采集水样时，要注意不得使水样曝气或有气泡残存在采样瓶中。水样采集后，应立即加固定剂（硫酸锰和碱性碘化钾）于样品中，并存于暗处，同时记录水温和大气压。

（2）此法适用于含少量还原性物质及硝酸氮 <0.1 mg·L^{-1}、铁不大于 1 mg·L^{-1}、较为清洁的水样。如果水样中含有亚硝酸盐，可在碱性碘化钾溶液中加入叠氮化钠（NaN$_3$）消除干扰；如果水样中含氧化性物质（如游离氯等），应先加入相当量的硫代硫酸钠去除；如果水样中含 Fe^{3+} 较高，可加入 1 mL 40% 氟化钾溶液配位掩蔽，消除干扰。

（3）叠氮化钠是一种剧毒、易爆试剂，不能将碱性碘化钾-叠氮化钠溶液直接酸化，否则可能产生有毒的叠氮酸雾。

（4）滴定时，指示剂不宜加得过早，否则被测物质会被强烈地吸附在淀粉周围，影响滴定反应的进行而造成实验误差，使结果偏低。

七、思考题

（1）测定水中溶解氧时，水样的采集需要注意些什么？

（2）如果水样呈强酸性或强碱性，可否直接进行测定？

（3）水样中如果含有氧化性物质（如游离氯等），应如何处理？

（陈湛娟）

拓展知识四　科学家能斯特

能斯特（Walther Hermann Nerst，1864—1941 年），德国卓越的物理学家、物理化学家和化学史家，是热力学第三定律创始人，能斯特灯的创始者。1887 年，能斯特毕业于维尔茨堡大学，获博士学位；1891 年，任哥丁根大学物理化学教授；1932 年，入选为伦敦皇家学会会员。

能斯特早期研究电化学，在这个领域做出了许多贡献。1889 年，年仅 25 岁的他在物理化学上初露头角，将热力学原理应用到了电池上。这是自伏特在近一个世纪前发明电池以来，第一次有人能对电池产生电势做出合理的解释。他推导出一个简单公式（能斯特方程），将电池的电势同溶液的浓度联系起来。虽然能斯特的解释现已被其他更好的解释替代，但能斯特方程仍沿用至今。

同年，能斯特还引入溶度积这个重要的概念来解释沉淀反应。他用量子理论的观点研究低温下固体的比热，提出了光化学的"原子链式反应"理论。1906 年，根据对低温现象的研究，得出了热力学的第三定律（"能斯特热定理"），这个定理有效地解决了计算平衡常数问题和许多工业生产难题，因此获得 1920 年诺贝尔化学奖。

1897 年，能斯特发明了能斯特灯。能斯特灯是一种使用白炽陶瓷棒的电灯，是碳丝灯的替代品和白炽灯的前身。

（周　丹）

 第五节　沉淀滴定法实验

实验十七　莫尔法测定生理盐水中氯化钠的质量浓度

一、实验目的

（1）掌握莫尔（Mohr）法测定生理盐水中 NaCl 质量浓度的原理、方法和操作条件。

（2）熟悉 $AgNO_3$ 标准溶液的配制方法。

二、实验原理

沉淀滴定法是以沉淀反应为基础的滴定方法。目前，应用较广的是银量法，即利用生成难溶性银盐来进行测定的方法。例如：

$$Ag^+ + X^- \Longrightarrow AgX \downarrow$$

其中，X^- 代表 Cl^-、Br^-、I^-、CN^-、SCN^- 等离子。

银量法常用的指示终点的方法有铬酸钾指示剂法（Mohr 法），铁铵矾指示剂法（Volhards 法）和吸附指示剂法（Fajans 法）。

用 K_2CrO_4 作为指示剂的银量法称为莫尔（Mohr）法。利用此法可以测定可溶性氯化物（如生理盐水）中氯离子的含量，也可用于海水中氯度的测定。

1. 生理盐水中氯化钠质量浓度的测定

莫尔法是在中性或弱碱性溶液中，以 K_2CrO_4 为指示剂，用 $AgNO_3$ 标准溶液直接测定生理盐水中的 Cl^- 的方法。由于 $AgCl$ 的溶解度小于 Ag_2CrO_4 的溶解度，根据分步沉淀原理，溶液中首先析出白色 $AgCl$ 沉淀。当 $AgCl$ 完全沉淀后，过量一滴 $AgNO_3$ 溶液与 K_2CrO_4 生成砖红色的 Ag_2CrO_4 沉淀，指示终点到达。反应如下。

$$\text{滴定反应：} Ag^+ + Cl^- \rightleftharpoons AgCl\downarrow \text{（白色沉淀）}$$
$$\text{终点反应：} 2Ag^+ + CrO_4^{2-} \rightleftharpoons Ag_2CrO_4\downarrow \text{（砖红色沉淀）}$$

根据滴定过程中消耗的 $AgNO_3$ 标准溶液的体积，计算生理盐水中氯化钠（$M_{NaCl} = 58.44\ \text{g} \cdot \text{mol}^{-1}$）的质量浓度，计算公式如下。

$$\rho_{NaCl} = \frac{c_{AgNO_3} \cdot V_{AgNO_3} \cdot M_{NaCl}}{V_{\text{生理盐水}}} \qquad (3-29)$$

滴定必须在中性或弱碱性溶液中进行（pH = 6.5 ～ 10.5）。若溶液酸度过高（pH < 6.5），CrO_4^{2-} 存在下列平衡。

$$2H^+ + CrO_4^{2-} \rightleftharpoons 2HCrO_4^- \rightleftharpoons Cr_2O_7^{2-} + H_2O$$

因此，酸度过高不利于产生 Ag_2CrO_4 沉淀；酸度过低（pH > 10.5），容易生成 Ag_2O 沉淀。

若溶液中存在能与 CrO_4^{2-} 生成难溶化合物的阳离子（如 Pb^{2+}、Ba^{2+} 等），或能与 Ag^+ 生成难溶化合物或配合物的阴离子（如 PO_4^{3-}、AsO_3^{3-}、SO_3^{2-}、S^{2-}、SO_4^{2-} 等）都会干扰测定，应注意消除干扰。一些高氧化态离子（如 Al^{3+}、Fe^{3+} 等）在中性或弱酸性介质中会发生水解，故也应不存在。

2. $AgNO_3$ 标准溶液的配制

莫尔法中使用的标准溶液是 $AgNO_3$ 标准溶液。$AgNO_3$ 标准溶液可以用经过预处理的基准试剂 $AgNO_3$ 直接配制。但一般的 $AgNO_3$ 试剂往往含有水分、金属银、有机物、氧化银和不溶物等杂质，因此，须用间接法配制。先配成近似浓度的溶液，再用基准物质 NaCl 标定。

以 NaCl 作为基准物质，溶解后，在中性或弱碱性溶液中用 $AgNO_3$ 溶液滴定，以 K_2CrO_4 作为指示剂。达到化学计量点时，微过量的 Ag^+ 与 CrO_4^{2-} 反应析出砖红色 Ag_2CrO_4

沉淀，指示滴定终点。根据滴定过程中消耗的 $AgNO_3$ 标准溶液的体积，计算 $AgNO_3$ 标准溶液的浓度，计算公式如下。

$$c_{AgNO_3} = \frac{m_{NaCl} \times \dfrac{20.00}{100.00}}{M_{NaCl} \cdot V_{AgNO_3}} \qquad (3-30)$$

三、仪器与试剂

（1）仪器。滴定管，移液管，锥形瓶，量筒，洗瓶，烧杯，台秤，玻璃棒，电子天平。

（2）试剂。$AgNO_3$（s），基准 NaCl（s），5% K_2CrO_4 溶液，生理盐水。

四、实验步骤

1. 0.10 mol·L^{-1}AgNO$_3$ 标准溶液的配制

在台秤上称取 2 g $AgNO_3$，溶于 200 mL 不含 Cl^- 的蒸馏水中。将溶液转入棕色细口瓶中，摇匀，置暗处保存。

2. 0.10 mol·L^{-1}AgNO$_3$ 标准溶液的标定

准确称取 0.270 0～0.300 0 g NaCl 基准物质于 250 mL 小烧杯中，加适量水溶解，定量移入 100 mL 容量瓶中，稀释至刻度，摇匀。

准确移取 20.00 mL NaCl 溶液于 250 mL 锥形瓶中，加 1 mL 5% K_2CrO_4 溶液，在不断摇动下，用 $AgNO_3$ 标准溶液滴定至出现砖红色沉淀，即为滴定终点。

平行测定 3 次，记录数据并填入表 3-29。根据式 3-30 计算 $AgNO_3$ 标准溶液的浓度。

3. 生理盐水中 NaCl 质量浓度的测定

准确移取 10.00 mL 生理盐水于 250 mL 锥形瓶中，加蒸馏水 10 mL 和 1 mL 5% K_2CrO_4 溶液，在充分震荡下用 $AgNO_3$ 标准溶液滴定至出现砖红色沉淀，即为滴定终点。

平行测定 3 次，记录数据并填入表 3-30。根据式 3-29 计算生理盐水中 NaCl 的质量浓度。

五、数据记录

表 3-29　0.10 mol·L^{-1}AgNO$_3$ 标准溶液的配制

项目	1	2	3
m_{NaCl}/g			
V_{AgNO_3}（初读数）/mL			
V_{AgNO_3}（终读数）/mL			
V_{AgNO_3}/mL			

表 3 –30　生理盐水中 NaCl 质量浓度的测定

项目	1	2	3
$V_{生理盐水}$/mL			
V_{AgNO_3}（初读数）/mL			
V_{AgNO_3}（终读数）/mL			
V_{AgNO_3}/mL			

六、注意事项

（1）实验完毕后，滴定管应及时清洗：先用蒸馏水冲洗滴定管 2～3 次，再用自来水冲洗，以免产生 AgCl 沉淀，难以洗净。

（2）由于硝酸银见光易分解：$2AgNO_3 \rightleftharpoons 2Ag + 2NO_2 + O_2$，$AgNO_3$溶液须避光保存在棕色瓶中。存放一段时间后，应重新标定。

（3）氯化钠易吸潮，所以在使用时应预先在 500～600 ℃高温炉中燃烧。

（4）$AgNO_3$试剂及其溶液具有腐蚀性，破坏皮肤组织，注意切勿接触皮肤及衣服。实验结束后，$AgNO_3$需集中回收。

（5）标定硝酸银标准溶液的方法，最好选择与用此标准溶液测定试样的方法相同，以消除系统误差。

（6）卤化银沉淀具有吸附性，会导致滴定终点提前，因此，滴定过程中应剧烈摇动锥形瓶。

七、思考题

（1）铬酸钾指示剂的用量过多或过少，对测定结果各有何影响？

（2）用莫尔法测定 Cl^- 时，为什么溶液 pH 须控制在 6.5～10.5？

（3）莫尔法测定中，能否以 NaCl 标准溶液直接滴定 Ag^+？

（周　丹）

实验十八　三溴合剂中溴化物质量浓度的测定

一、实验目的

（1）了解三溴合剂的概念。

（2）掌握莫尔法测定三溴合剂中溴化物质量浓度的原理及方法。

二、实验原理

溴的化合物——溴化钾、溴化钠和溴化铵，在医学上常被用作镇静剂。通常，都是把这三种化合物混合在一起使用，配成的水溶液就是我们常说的"三溴合剂"，是现在最重要的镇静剂之一。

本实验采用莫尔法，即以 K_2CrO_4 为指示剂，用 $AgNO_3$ 标准溶液来测定 Br^- 的含量：

$$Ag^+ + Br^- \rightleftharpoons AgBr\downarrow \text{（黄色）}$$
$$2Ag^+ + CrO_4^{2-} \rightleftharpoons Ag_2CrO_4\downarrow \text{（砖红色）}$$

由于 $AgBr$ 的溶解度小于 Ag_2CrO_4，$AgBr$ 沉淀将首先从溶液中析出。根据分步沉淀的原理，Ag_2CrO_4 开始沉淀时，$AgBr$ 已沉淀完全，$AgNO_3$ 稍过量即与 CrO_4^{2-} 生成砖红色沉淀，指示终点到达。计算公式如下。

$$\rho_{Br^-} = \frac{c_{AgNO_3} \times V_{AgNO_3} \times M_{Br}}{V_{样品}} \tag{3-31}$$

三、仪器和试剂

（1）仪器。滴定管，吸量管，锥形瓶，吸球，洗瓶。

（2）试剂。$0.050\,00$ $mol \cdot L^{-1}$ $AgNO_3$ 标准溶液，三溴合剂试液，5% K_2CrO_4 溶液。

四、实验步骤

将药品摇匀后，用吸量管准确移取 1.00 mL 于 250 mL 锥形瓶中，加入 50 mL 蒸馏水，摇匀。加入 1 mL 5% K_2CrO_4 溶液，在不断摇动下，用 $0.050\,00$ $mol \cdot L^{-1}$ $AgNO_3$ 标准溶液滴定至砖红色即为终点，平行测定 3 份，记录数据并填入表 3-31。根据式 3-31 计算试样中溴化物的质量浓度。

五、数据记录

表 3-31　溴化物质量浓度的测定

项目	1	2	3
c_{AgNO_3} /mol $\cdot$ L^{-1}			
$V_{样品}$ /mL			
V_{AgNO_3}（初读数）/mL			
V_{AgNO_3}（终读数）/mL			
V_{AgNO_3} /mL			

六、注意事项

（1）滴定时，应控制好溶液的酸度。适宜的 pH 范围是 6.5～10.5，若有铵盐存在，

为避免生成 $[Ag(NH_3)_2]^+$，溶液的 pH 范围应控制在 6.5～7.2 为宜。

（2）$AgNO_3$ 与有机物接触，会发生还原作用，使颜色变黑，因此，不要使 $AgNO_3$ 与皮肤接触。实验结束后，要及时用蒸馏水冲洗滴定管 2～3 次，再用自来水冲洗，以免产生氯化银沉淀，难以洗净。

（3）指示剂的用量对滴定准确度有影响，应控制好指示剂的用量。如果 K_2CrO_4 用量过大，会使终点提前到达导致负误差；用量过小时，终点会延后导致正误差。一般 K_2CrO_4 溶液以 $5 \times 10^{-3} mol \cdot L^{-1}$ 为宜。

七、思考题

（1）配制好的 $AgNO_3$ 标准溶液为什么要储存在棕色瓶中？

（2）滴定过程中，在接近终点时为什么要不断剧烈摇动？

（陈湛娟）

实验十九　佛尔哈德法测定味精中氯化钠的质量分数

一、实验目的

（1）了解佛尔哈德法的应用。

（2）熟悉 NH_4SCN 标准溶液的配制与标定。

（3）掌握佛尔哈德法测定味精中氯化钠质量分数的实验原理及操作步骤。

二、实验原理

1. 味精中氯化钠的质量分数

以生成银盐的沉淀反应为基础的沉淀滴定法称为银量法。在酸性介质中，用铁铵矾作指示剂的银量法称为佛尔哈德法。佛尔哈德法分为直接滴定法和返滴定法。直接滴定法以 NH_4SCN 作为标准溶液滴定 Ag^+，当 Ag^+ 定量沉淀后，过量的一滴 NH_4SCN 溶液与 Fe^{3+} 生成红色配合物，指示终点到达，反应式为：

$$Ag^+ + SCN^- \Longrightarrow AgSCN \downarrow$$
$$Fe^{3+} + SCN^- \Longrightarrow FeSCN^{2+} （红色）$$

返滴定法是以两个标准溶液（$AgNO_3$ 和 NH_4SCN）测定卤化物的含量。在含氯化物的酸性溶液中，加入一定量 $AgNO_3$ 标准溶液，然后以铁铵矾作指示剂，用 NH_4SCN 标准溶液返滴定过量的 Ag^+，生成红色的 $FeSCN^{2+}$ 配离子，指示终点到达。滴定反应式为：

$$Ag^+ + Cl^- \Longrightarrow AgCl \downarrow$$
$$Ag^+ + SCN^- \Longrightarrow AgSCN \downarrow$$

终点反应式为：

$$Fe^{3+} + SCN^- \Longrightarrow FeSCN^{2+} \text{（红色）}$$

用此法测定 Cl^- 时，由于 AgSCN 的溶解度大于 AgCl 的溶解度，过量的 SCN^- 会与 AgCl 发生反应，使 AgCl 沉淀转化成 AgSCN 沉淀，滴定过程中，出现的红色会随着不断的振摇而消失，这样会多消耗 NH_4SCN 标准溶液而得不到正确的终点。为避免这种现象，可以在加入过量的 $AgNO_3$ 标准溶液后，加一定量的有机试剂（如硝基苯或石油醚等）保护 AgCl 沉淀，使其覆盖一层有机溶剂，与溶液隔开，阻止 AgCl 沉淀向 AgSCN 沉淀进行转化。

计算公式如下。

$$\omega_{NaCl} = \frac{(c_{AgNO_3} \cdot V_{AgNO_3} - c_{NH_4SCN} \cdot V_{NH_4SCN})M_{NaCl}}{m_{样品} \times \dfrac{10.00}{250.00}} \qquad (3-32)$$

2. NH_4SCN 标准溶液的配制与标定

由于 NH_4SCN 试剂易吸潮，常含有杂质，故用间接法配制。先配成近似浓度，再用基准物质氯化钠标定，也可用 $AgNO_3$ 标准溶液标定。本实验中采用 $AgNO_3$ 标准溶液标定，以铁铵矾为指示剂。反应如下。

$$Ag^+ + SCN^- \Longrightarrow AgSCN \downarrow$$

根据消耗的 NH_4SCN 标准溶液的体积，计算 NH_4SCN 标准溶液的浓度。

$$c_{NH_4SCN} = \frac{c_{AgNO_3} V_{AgNO_3}}{V_{NH_4SCN}} \qquad (3-33)$$

三、仪器与试剂

（1）仪器。分析天平，称量瓶，烧杯，容量瓶，移液管，锥形瓶，滴定管，量筒，漏斗。

（2）试剂。味精，$0.100\,0$ mol·L^{-1} $AgNO_3$ 标准溶液，400 g·L^{-1} 铁铵矾指示剂溶液，8.0 mol·L^{-1} HNO_3 溶液，NH_4SCN。

四、实验步骤

1. $0.100\,0$ mol·L^{-1} NH_4SCN 标准溶液的配制

称取 3.8 g NH_4SCN 于烧杯中，用少量水溶解后，转入到 500 mL 容量瓶中，用适量水洗涤烧杯 2～3 次，合并于容量瓶中，加水至刻度，摇匀。

2. 0.100 0 mol·L⁻¹ NH₄SCN 标准溶液的标定

准确移取 25.00 mL AgNO₃ 标准溶液于 250 mL 锥形瓶中，加入 HNO₃ 溶液 5 mL，铁铵矾指示剂 1 mL，用 NH₄SCN 标准溶液滴定至溶液呈淡红棕色，剧烈振摇淡红棕色不消失，则为滴定终点。记录消耗的 NH₄SCN 标准溶液的体积，填入表 3 – 32。根据式 3 – 33 计算 NH₄SCN 标准溶液的浓度。

3. 味精中 NaCl 质量分数的测定

称取 10 g 样品于小烧杯中，用少量水溶解后，转入 250 mL 容量瓶中，用水稀释至刻度。取该溶液 10.00 mL 于 250 mL 锥形瓶中，加 50 mL H₂O，混匀。加入 AgNO₃ 标准溶液 25 mL，8.0 mol·L⁻¹ HNO₃ 溶液 5 mL 以及硝基苯 5 mL，混匀。加入 50 mL 铁铵矾指示剂，用 NH₄SCN 标准溶液滴定至溶液呈现红色为滴定终点，记录达到终点时消耗的 NH₄SCN 标准溶液的体积。平行测定 3 次，填入表 3 – 33。根据式 3 – 33 计算样品中 NaCl 的质量分数。

五、数据记录

将实验数据填入表 3 – 32、表 3 – 33。

表 3 – 32 0.1000 mol·L⁻¹ NH₄SCN 标准溶液的标定

项目	1	2	3
c_{AgNO_3} / mol·L⁻¹			
V_{AgNO_3} / mL			
V_{NH_4SCN}（初读数）/mL			
V_{NH_4SCN}（终读数）/mL			
V_{NH_4SCN} /mL			

表 3 – 33 味精中 NaCl 质量分数的测定

项目	1	2	3
c_{NH_4SCN} / mol·L⁻¹			
$m_{样品}$ /mL			
V_{NH_4SCN}（初读数）/mL			
V_{NH_4SCN}（终读数）/mL			
V_{NH_4SCN} /mL			

六、注意事项

（1）AgSCN 沉淀会吸附 Ag$^+$，因此，滴定时要剧烈振摇锥形瓶，直至淡红棕色不消失，才是到达滴定的终点。

（2）本实验 AgNO$_3$ 标准溶液消耗量较大，含银沉淀及含银废液应回收处理。

七、思考题

（1）本实验为什么要用 HNO$_3$ 溶液进行酸化？能否使用盐酸或者 H$_2$SO$_4$ 溶液酸化，为什么？

（2）用佛尔哈德法测定氯化钠质量分数的主要误差来源是什么？可以使用哪些方法防止误差的产生？

（陈湛娟）

实验二十　法扬司法测定氯化物的质量浓度

一、实验目的

（1）了解法扬司法的实验原理。

（2）掌握法扬司法测定氯化物质量浓度的方法。

（3）熟悉吸附指示剂的使用。

二、实验原理

以吸附剂为指示剂的银量法称为法扬司法。以 AgNO$_3$ 标准溶液为滴定剂测定氯离子，或者用 NaCl 标准溶液测定银离子时均可用吸附指示剂法。吸附指示剂是一类有色有机染料，它的阴离子在溶液中容易被带正电荷的胶状沉淀吸附，吸附后因其结构的改变引起溶液颜色的变化，从而指示滴定终点。

氯化物质量浓度可用法扬司法进行测定，计算公式如下。

$$\rho_{氯化物} = \frac{c_{AgNO_3} \times V_{AgNO_3} \times M_{氯化物}}{V_{样品}} \tag{3-34}$$

三、仪器与试剂

（1）仪器。烧杯，分析天平，容量瓶，坩埚，酒精灯，锥形瓶，滴定管，移液管。

（2）试剂。酱油，0.100 0 mol·L^{-1} AgNO$_3$ 标准溶液，1% 淀粉溶液，0.5% 荧光黄指示液。

四、实验步骤

准确称取 0.1 g 氯化物样品于烧杯中，用少量蒸馏水溶解，并转入 250 mL 锥形瓶中，加 25 mL 蒸馏水，再加入荧光黄指示剂 20 滴及 5 mL 1% 淀粉溶液，用 0.100 0 mol·L^{-1}

$AgNO_3$ 标准溶液滴定。滴定过程中，要不断振摇，且要避光，直至溶液呈浅橘红色为滴定终点。平行测定 3 次。将实验数据填入表 3 – 34 中。根据式 3 – 34 计算样品中氯化物的质量浓度。

五、数据记录

表 3 – 34　酱油中氯化钠质量浓度的测定

项目	1	2	3
c_{AgNO_3} /mol · L^{-1}			
$V_{样品}$ /mL			
V_{AgNO_3}（初读数）/mL			
V_{AgNO_3}（终读数）/mL			
V_{AgNO_3} /mL			

六、注意事项

（1）$AgNO_3$ 见光易分解，其标准溶液应保存在棕色玻璃瓶中，放置在暗处。

（2）卤化银易感光分解，在实验过程中应避免强光的照射。

（3）实验结束后，未用完的 $AgNO_3$ 标准溶液和氯化银沉淀应回收。

（4）使用过的滴定管、移液管和锥形瓶应先用蒸馏水清洗后，再用自来水冲洗干净。

七、思考题

试比较法扬司法、莫尔法和佛尔哈德法各自的优缺点。

（陈湛娟）

拓展知识五　盖吕萨克的银量法

19 世纪 30—50 年代，滴定分析法的发展达到极盛时期。在此期间，经过化学家的努力，滴定分析法在准确度、分析速度等方面逐渐超过重量分析法。其中，法国化学家盖吕萨克（J. L. Gaylussac）的贡献尤为突出。1824 年，盖吕萨克发表了用磺化靛青作指示剂测定漂白粉中有效氯的方法，即代表氧化还原滴定法。之后，他先后创建了用硫酸滴定草木灰的方法，即代表酸碱滴定法。1833 年，盖吕萨克提出用氯化物测定硝酸银的方法，即为银量法。银量法的提出使滴定分析法的准确度空前提高，与当时的重量分析法相媲美。各国的有关机构都采用盖吕萨克的银量法作为标准法应用于货币分析。盖吕萨克银量法的问世和推广，在提高了滴定分析法的信誉的同时，也引起了世界各国化学家对滴定法的关注，促进了滴定分析法的蓬勃发展。1835 年，盖吕萨克又提出了更好的滴定次氯酸盐的新方法。他改用亚砷酸为基准物，用靛蓝作指示剂。因此，他是第一位将氧化还原指示剂应用于滴定分析法的化学家。在盖吕萨克成就的启发下，酸碱滴定法、沉淀滴定法、氧化还原滴定法和配位滴定法陆续发展和完善，形成滴定分析法的丰满框架，并很快成为工业生产和科学研究中与重量分析法并驾齐驱的又一分析体系。

（周　丹）

 第六节　重量分析法实验

实验二十一　氯化钡结晶水质量分数的测定

一、实验目的

（1）了解结晶水合物中结晶水质量分数的测定原理和方法。

（2）熟悉重量分析法的基本操作。

（3）了解恒重的意义。

二、实验原理

结晶水是水合结晶物质中结构内部的水，许多离子型的盐类从水溶液中析出时，会含有一定量的结晶水。结晶水与盐类的结合比较牢固，当晶体受热到一定温度时，可以逐步脱去部分或全部的结晶水。

对于经过加热能脱去结晶水，且不会发生分解的结晶水合物中结晶水的测定，通常是采用重量分析法，即将一定量的结晶水合物于已灼烧至恒重的坩埚中，加热到较高的温度进行脱水，再用分析天平称量。通过结晶水合物经过高温加热后所得的失重值，可以算出该结晶水合物所含结晶水的质量分数。以单位量的该盐所含结晶水的物质的量，可以确定结晶水合物的化学式。

氯化钡结晶水的质量分数计算公式如下。

$$\omega_{结晶水} = \frac{m_{初重} - m_{恒重}}{m_{初重}} \times 100\% \qquad (3-35)$$

$BaCl_2 \cdot 2H_2O$ 中结晶水的蒸气压，20 ℃时为 0.17 kPa，35 ℃时为 1.57 kPa。因此，氯化钡除了在特别干燥的环境中，一般情况下，含 2 分子结晶水是稳定的。$BaCl_2 \cdot 2H_2O$ 于 113 ℃失去结晶水，无水氯化钡不挥发，也不易变质，故干燥温度可高于 113 ℃。

三、仪器与试剂

（1）仪器。分析天平，称量瓶，烘箱，坩埚钳，干燥器。

（2）试剂。$BaCl_2 \cdot 2H_2O$。

四、实验步骤

1．称量瓶的恒重

取 3 个称量瓶，洗干净后，放置于烘箱中，在 120 ℃ 温度下烘干，烘时，须将瓶盖取下横搁于瓶口上。烘 1.5 ~ 2.0 h 后，把称量瓶及瓶盖一起放在干燥器中，冷却至室温。用电子天平准确称取其重量，称量操作要迅速，并记录数据。再将称量瓶放入烘箱中烘干，冷却，称量，重复进行操作，直至称量瓶恒重（连续 2 次干燥的重量差异小于或等于 0.3 mg 为恒重）。

2．样品的测定

准确称取 3 份 1.000 g 左右的 $BaCl_2 \cdot 2H_2O$，分别置于已恒重的称量瓶中，使样品平铺于瓶底（厚度不超过 5 mm），称量时，要盖上瓶盖。用所得重量减去称量瓶的重量，即为 $BaCl_2 \cdot 2H_2O$ 样品的重量。将盛有样品的称量瓶放入 120 ℃ 的烘箱中，称量瓶瓶盖横搁于瓶口上，烘约 2 h。然后，用坩埚钳将称量瓶取出放入干燥器内，冷却至室温后，把称量瓶盖好，准确称其重量。接着，在 120 ℃ 温度下烘 30 min，取出放入干燥器中冷却，再准确称其重量，如此反复操作，直至恒重。用称量瓶和试样的重量减去最后称出的重量，即得结晶水的重量。

五、数据记录

将实验数据和结果记录在表 3 - 35 中。

表 3 - 35　样品结晶水的质量分数的测定

项目	1	2	3
$m_{初重}$ /g			
$m_{恒重}$ /g			
$m_{结晶水}$ /g			

六、注意事项

（1）称量时速度要快，在称量装有样品的称量瓶时，要盖好称量瓶盖子，以免称量过程中吸湿。

（2）干燥器打开或盖上时应采用推开方法。搬动干燥器应用双手拿干燥器两侧底和盖子的边缘，以免干燥器的盖子滑落打破。

（3）在使用干燥器之前，要注意干燥器是否已失效。

（4）称量瓶烘干后，取出放置于干燥器中冷却，切勿将盖子盖严，以防冷却后很难将它打开。

（5）样品要均匀地铺在称量瓶底部，以便于样品中水分的挥发。

（6）要注意控制脱水温度。

七、思考题

（1）什么叫恒重？怎样才能达到恒重？

（2）测样品前，称量瓶为什么要先干燥至恒重？

（3）烘完后，为什么要冷却至室温时才能称量？温度高时，称量对结果有何影响？

（4）冷却称量瓶时，要注意什么问题？

（陈湛娟）

拓展知识六　重量分析法的功劳

化学分析中的重量分析法是经典化学分析方法中最早被应用的定量分析测定方法。在18世纪末，重量分析法是当时原子量测定和物质成分分析的主要手段。之后，重量分析法在方法、试剂、仪器等方面不断改进，分析对象由金属扩展到非金属元素。19世纪30—40年代，重量分析法已趋成熟。19世纪50年代后，重量分析法进一步完善和发展的核心仍为提高方法的准确性，主要表现在过滤技术的改进、有机沉淀剂的应用、沉淀性质与沉淀条件的研究等方面。1895年，美国化学家理查兹（T. W. Richards）改进了重量测定法测定原子量的技术，准确测定了铜、钡、锶、钙、镁、镍等25种元素的准确原子量。理查兹因此获得1914年诺贝尔化学奖。随着重量分析法的准确度极大提高，科学家们通过对各种矿物的分析发现一系列的新元素，例如钼、碲、钨、铍、锆、铀、钛、铬、铌、钽、镉、硒、钍、钒、锗，铂族元素中的钯、铑、锇、铱、钌，稀土元素中的铈、镧、铽、铒、镱、钐、钬、铥、钪、钆、镨、钕、镝等。这为元素周期律的发现奠定了基础。

20世纪20年代开始，科学家们开始对沉淀形成的机理、沉淀条件对沉淀性质和纯度的影响、杂质混入的原理等问题展开深入研究。1930年，美国化学家威拉德（H. H. Willard）和中国化学家唐宁康首先提出均匀沉淀法，即采用极稀的溶液进行沉淀。在沉淀过程中，溶液保持相对很少的过饱和度，使结晶缓慢生成，能得到较大的结晶颗粒。1932年，德国化学家哈恩（F. L. Hahn）更明确倡导这种从稀溶液中进行缓慢沉淀的方法。

随着有机化学特别是有机试剂化学合成的发展，重量分析法在沉淀剂的选择上改变了仅选用少量无机沉淀剂，而获得多种性能良好的有机沉淀剂，改善了沉淀分离手段。20世纪30—40年代，重量分析法达到相当水平。但此法操作烦琐、费时，使用不方便，因此应用受到限制。在19世纪30—50年代得到迅速发展的滴定分析法，在分析速度、精确度等方面逐渐超过了重量分析法，成为化学定量分析的主要手段。由系统定性分析方法、重量分析法和滴定分析法构成的定量分析法，是19世纪末经典化学分析手段的主体。

（周　丹）

第七节 设计性实验

实验二十二 "胃舒平"药片中铝和镁质量分数的测定

一、实验目的

（1）了解胃舒平药剂中铝镁含量测定的意义及分析方法。

（2）熟悉药剂成分含量测定的前处理方法。

（3）培养学生的实验设计能力及动手能力。

二、实验设计要求

（1）设计"胃舒平"药片中铝、镁含量测定的实验方案，要求写出实验的原理，主要的实验仪器及试剂，试剂的配制方法，实验步骤等。

（2）要求所选用的实验方案简便、经济、可操作性强，并注意避免实验误差的产生。

三、实验设计提示

（1）胃舒平药片的主要成分是氢氧化铝、三硅酸镁、颠茄流浸膏，同时含有淀粉、滑石粉、液体石蜡等辅料。

（2）测定胃舒平中三氧化二铝的方法有两种：等离子发射光谱法和配位滴定法。等离子发射光谱法是用等离子发射光谱（ICP－AES）测定胃舒平中铝的含量，该方法对实验仪器以及操作能力都有较高的要求。络合滴定法采用返滴定法，由于铝离子对指示剂二甲酚橙具有封闭作用，可先加入过量且已知量的 EDTA 溶液，使之与铝离子在适宜的条件下充分反应，再用锌标准溶液返滴定过量的 EDTA，可消除铝离子对指示剂的封闭作用从而测定其含量。

（3）三硅酸镁在中和胃酸的反应中会生成胶状氧化硅，且能吸附游离酸。食用三硅酸镁可能导致胃酸分泌低的人出现消化不良的症状。同时，镁离子在肠道内难以吸收，大剂量时，由于渗透作用，会引起轻泻。因此，胃舒平中镁的含量不能过高。因为胃舒平药品中不含有铁、钙等杂质离子的干扰，所以在镁的测定过程中，可选择用 EDTA 滴定镁的含量，而溶液中的 Al 离子可采用三乙醇胺作为掩蔽剂掩蔽。Al 离子被掩蔽后，调节溶液 pH，然后可用 EDTA 直接滴定，基本可排除杂质影响。

（4）片剂药品中各成分的含量不均匀，为使测定结果准确且具代表性，要进行试样的前处理，即取较多试样，研细混匀后再取样进行分析。

（5）配位滴定中所用指示剂一般都有一定的 pH 范围，测定样品时，需加入适当的缓冲溶液调节溶液的 pH，用六亚甲基四胺溶液调节 pH 比用氨水好，可以减少 $Al(OH)_3$ 对 Mg^{2+} 的吸附。

四、相关知识

胃舒平是由氢氧化铝和三硅酸镁两药合用，并组合解痉止痛药颠茄浸膏而成的一种治疗胃病的复方药物，其主要作用是中和胃酸，减少胃液的分泌和解痉止痛。常用于胃酸过多、胃溃疡及胃痛等。胃舒平药片中的氢氧化铝不溶于水，与胃液混合后会形成凝胶覆盖在胃黏膜表面，具有缓慢而持久的中和胃酸及保护胃黏膜的作用，但中和胃酸时产生的氯化铝具有收敛的作用，可能引起便秘。三硅酸镁中和胃酸的作用机理与氢氧化铝相似，同样可在胃内形成凝胶，中和胃酸和保护胃黏膜。但其中不被吸收的镁离子起了轻泻作用，可以去除氢氧化铝的便秘的副作用，两药组合，相得益彰。颠茄浸膏则具有解痉止痛的作用。

铝是一种慢性神经性毒性物质，过多地摄入会沉积在神经元纤维缠结和老年斑中，使神经系统发生慢性改变，从而诱发老年性痴呆、肌萎缩性侧索硬化症等疾病。在胃舒平中，铝既是该药物的有效成分（《中国药典》中规定药片中 Al_2O_3 的含量不小于 0.116 g，MgO 的含量不小于 0.020 g），但又不能过量摄入。因此。胃舒平片剂中铝含量的测定具有重要的现实意义。

（陈湛娟）

实验二十三　大豆中钙镁含量的测定

一、实验目的

（1）了解大豆样品的分解处理方法。

（2）掌握大豆样品中钙、镁含量的测定方法。

（3）学会大豆样品中干扰的排除方法。

二、实验设计要求

（1）设计测定大豆中钙镁含量的实验方案，要求写出实验原理，主要的仪器设备，所需用到的试剂以及试剂的配制，实验步骤等。

（2）要求所选用的实验方法简便、经济、可操作性强，尽可能避免实验误差的产生。

三、实验设计提示

（1）大豆中钙含量的参考值是 367 mg/100 g，属于常量分析的范畴，可以考虑用络合滴定法进行测定。

（2）大豆干样品可经过粉碎、灰化、灼烧、酸提取后，采用配位滴定法测定其钙镁的含量。在碱性（pH = 13）条件下，用钙指示剂指示终点，以 EDTA 为滴定剂，滴定至溶液由紫红色变蓝色，可计算出试样中钙的含量。另取一份试液，用氨性缓冲溶液控制溶液pH = 10，以铬黑 T 为指示剂，用 EDTA 滴定，至溶液由紫红色变蓝色即为终点，所得结果减去钙含量可得到镁的含量。试样中铁等离子的干扰，可用适量的三乙醇胺掩蔽消除。

（3）处理样品的过程中，碳化必须充分，可减少实验误差。

四、相关知识

大豆在中国有 5 000 多年的种植历史，中国是大豆的发源地。大豆具有很高的营养价值，其主要营养成分有纤维（碳水化合物）、磷脂、大豆异黄酮、微量元素（钙、磷、铁等）。

大豆不单单指黄豆，还包含黑豆和青豆。大豆营养全面，且营养物质含量丰富，其中蛋白质的含量比猪肉高 2 倍，是鸡蛋含量的 2.5 倍。蛋白质的含量不仅高，而且质量好。大豆蛋白质的氨基酸组成和动物蛋白质近似，其中，氨基酸比较接近人体需要的比值，因此，容易被消化吸收。如果把大豆和肉类食品、蛋类食品搭配着来吃，其营养可以和蛋、奶的营养相比，甚至还超过蛋和奶的营养。

钙是构成人体骨骼和牙齿的主要成分，且在维持人体循环、呼吸、神经、内分泌、消化、血液、肌肉、骨骼、泌尿、免疫等各系统正常生理功能中起重要调节作用。人体没有任何系统的功能与钙无关，钙代谢平衡对于维持生命和健康起到至关重要的作用。

镁是人体细胞内的主要阳离子，浓集于线粒体中，仅次于钾和磷，在细胞外液仅次于钠和钙，居第三位，是体内多种细胞基本生化反应的必需物质。正常成人身体镁总含量约 25 g，其中的 60%～65% 存在于骨、齿，27% 分布于软组织。镁主要分布于细胞内，细胞外液的镁不超过 1%。在钙、维生素 C、磷、钠、钾等的代谢上，镁是必要的物质，在神经肌肉的机能正常运作、血糖转化等过程中亦扮演着重要角色。

（陈湛娟）

实验二十四　城市污水中硫酸盐的测定

一、实验目的

（1）了解城市污水中硫酸盐含量测定的意义。
（2）掌握硫酸盐测定的原理和方法。

二、实验设计要求

（1）设计测定城市污水中硫酸盐含量的实验方案，要求写出实验原理，主要的仪器设备，所需用到的试剂以及试剂的配制，实验步骤等。
（2）要求所选用的实验方法简便、经济、可操作性强，尽可能避免实验误差的产生。

三、实验设计提示

（1）测定硫酸盐含量可选用重量分析法、滴定分析法（配位滴定法）、分光光度法（适用于微量硫酸根含量的测定）进行测定。
（2）选用重量法测定，样品中若有悬浮物、二氧化硅、硝酸盐和亚硝酸盐，可使结果偏高。碱金属硫酸盐，特别是碱金属硫酸氢盐常使结果偏低。在酸性介质中进行沉淀可以防止碳酸钡和磷酸钡沉淀，但是酸度高会使硫酸钡沉淀的溶解度增大。

（3）凡影响镁离子测定的金属离子均会干扰 EDTA 络合滴定法对硫酸盐的测定。

（4）铬黑 T 的终点如不很敏锐，则可能是 Ba^{2+} 剩余量大所引起，应加入过量的 EDTA，再加入已知量的 $MgCl_2$ 标准液，然后再用 EDTA 滴定。计算时，应对增加的 $MgCl_2$ 量加以扣除。

四、相关知识

城市污水主要包括生活污水和工业废水，生活污水是人们日常生活中排出的水。它是从住户、公共设施（如饭店、宾馆、影剧院、体育场馆、机关、学校和商店等）和工厂的厨房、卫生间、浴室和洗衣房等生活设施中排放的水。这类污水的水质特点是含有较多的有机物，如淀粉、蛋白质、油脂等，以及氮、磷等无机物，此外，还含有病原微生物和较多的悬浮物。相比较于工业废水，生活污水的水质一般比较稳定，浓度较低。工业废水是生产过程中排出的污水，包括生产工艺废水、循环冷却水冲洗废水以及综合废水。由于各种工业生产的工艺、原材料、使用设备的用水条件等的不同，工业废水的性质千差万别。相比较于生活污水，工业废水水质水量差异大，具有浓度高、毒性大等特征，不易通过一种通用技术或工艺来治理，往往要求其在排出前在厂内处理到一定程度。城市污水中、90％以上是水，其余是固体物质。水中普遍含有以下各种污染物：悬浮物、病原体、需氧有机物，还可能含有多种无机污染物和有机污染物，如氟、砷、重金属、酚、氰、有机氯农药、多氯联苯、多环芳烃等。如果城市污水不经处理就排入地面水体，会使河流、湖泊受到污染。但城市污水水量非常大，如全部进行污水二级处理，投资极大。因此，结合具体情况研究经济有效的处理措施，是环境保护的重大课题之一。污水所含的污染物质千差万别，可用分析和检测的方法对污水中的污染物质做出定性、定量的检测以反映污水的水质。硫酸盐是由硫酸根离子与其他金属离子组成的化合物，都是电解质，且大多数溶于水。硫酸盐在自然界中分布广泛，水中少量硫酸盐对人体无影响，但超过 $250\ mg \cdot L^{-1}$ 有致泻作用。在厌氧反应器中，当存在有机物时，水中的硫酸盐会被某些细菌还原成硫化物，对产甲烷菌产生毒性。

（陈湛娟）

实验二十五　校园某处水硬度的测定

一、实验目的
（1）了解样品分析测定的一般过程。
（2）掌握水硬度的测定原理。

二、实验设计要求
（1）设计测定校园某处水的总硬度、钙镁离子质量浓度的实验方案，要求写出实验原理、主要的仪器设备、所需用到的试剂以及试剂的配制、实验步骤等。

（2）要求所选用的实验方法简便、经济、可操作性强，尽可能避免实验误差的产生。

三、实验设计提示

（1）水的总硬度的测定方法有配位滴定法、分光光度法、离子色谱法、原子吸收法、自动电位滴定法、ICP-AES 法、离子选择性电极-流动技术法等。

（2）自行确定取样地点，可取校区内某处水样，如湖水、生活区自来水、教学楼自来水、教学楼直饮水等。

（3）取样的要求。

A. 湖水样。用已洗净的试剂瓶取水面以下约 30 cm 处的水样 500～1 000 mL，盖好瓶塞备用。

B. 自来水样。打开水龙头，先放水 3 min 以上，用已洗净的试剂瓶承接水样 500～1 000 mL，盖好瓶塞备用。

C. 直饮水样。打开出水口，先放水 3 min 以上，用已洗净的试剂瓶承接水样 500～1 000 mL，盖好瓶塞备用。

（4）水样的预处理。样品杂质较多时，可使用细棉纱布或快速滤纸过滤后再测定。

（5）水样中 Mg^{2+} 的含量较低时（一般要求相对于 Ca^{2+} 的含量必须有 5% Mg^{2+} 存在），用铬黑 T 指示剂往往得不到敏锐的终点，可在 EDTA 标准溶液中加入适量 Mg^{2+}（标定前加入 Mg^{2+}，对终点没有影响），或者在缓冲溶液中加入一定量的 Mg-EDTA 盐，利用置换滴定法的原理来提高终点变色的灵敏性。

（6）由于 Al^{3+}、Fe^{3+}、Cu^{2+} 等对指示剂有封闭作用，如果用铬黑 T 作为指示剂测定水样，应加掩蔽剂将它们掩蔽，如三乙醇胺可掩蔽 Al^{3+}、Fe^{3+}，乙二胺或硫化钠可掩蔽 Cu^{2+}。

（7）由于 CaY^{2-} 的稳定常数大于 MgY^{2-} 的，滴定 Ca^{2+} 的最低 pH=8，滴定 Mg^{2+} 的最低 pH=10，指示剂铬黑 T 使用的最适宜 pH 范围为 9.0～10.5，因此测定水的总硬度时，要控制溶液 pH=10。

（8）测定钙离子的质量浓度时，可采用沉淀掩蔽法消除 Mg^{2+} 对测定的干扰。即在 pH=12～13 的条件，Mg^{2+} 形成 $Mg(OH)_2$ 沉淀，不干扰钙的测定。由于沉淀会吸附被测离子 Ca^{2+} 和钙指示剂，从而影响测定的准确度和终点的观察（变色不灵敏），测定时注意：

A. 在水样中加入 NaOH 溶液后，放置或稍加热，使 $Mg(OH)_2$ 形成稍大颗粒沉淀，待看到 $Mg(OH)_2$ 沉淀后再加指示剂，以减少吸附。

B. 滴定近终点时，慢滴多摇，即滴一滴多振摇，待颜色稳定后再滴加。

（9）分别测定出校园某处水样的总硬度、钙镁离子的质量浓度，并进行比较，完成实验报告。

四、相关知识

水的总硬度是衡量水质的一项重要指标。水的总硬度是指水中含有可溶性的钙盐和镁盐的量。

水的总硬度的表示方法可参考本章第三节中的实验八。生活饮用水卫生标准（GB5749 - 2006）中规定，饮用水的硬度必须不超过 450 $mg \cdot L^{-1}$（以 $CaCO_3$ 计）。测定水的总硬度，一般采用配位滴定法。在 pH = 10 的氨性缓冲溶液中，以铬黑 T（EBT）为指示剂，用 EDTA 标准溶液直接测定 Ca^{2+}、Mg^{2+} 总量。滴定前，铬黑 T 先与部分 Mg^{2+} 配位为 Mg - EBT（酒红色）。当滴入 EDTA 溶液时，EDTA 与 Ca^{2+}、Mg^{2+} 配位。终点时，EDTA 夺取 Mg - EBT 中的 Mg^{2+}，将 EBT 置换出来，溶液由酒红色转为纯蓝色。测定水中 Ca^{2+} 的质量浓度时，另取等量水样，加 NaOH 调节溶液 pH 为 12 ～ 13。使 Mg^{2+} 生成 $Mg(OH)_2$ 沉淀，再加入钙指示剂，用 EDTA 滴定，计算 Ca^{2+} 的质量浓度。已知 Ca^{2+}、Mg^{2+} 的总量及 Ca^{2+} 的含量，即可算出水中 Mg^{2+} 的质量浓度。

（陈湛娟）

第四章 分析化学实验模拟试卷及答案

模拟卷（一）

一、判断题（每题 1 分，在括号内打 "√" 或打 "×"，共 10 分）

1. 系统误差又称不定误差。（　　）

2. 滴定管、容量瓶、移液管在使用前都需要用试剂溶液进行润洗。（　　）

3. 药物分析实验室中常用的铬酸洗涤剂是由 $K_2Cr_2O_7$ 和浓 H_2SO_4 两种物质配制的。（　　）

4. 滴定管读数最后一位估计不准可引起系统误差。（　　）

5. 用基准试剂草酸钠标定 $KMnO_4$ 溶液时，需将溶液加热至 $75 \sim 85\ ℃$ 进行滴定。若超过此温度，会使测定结果偏低。（　　）

6. 氢氧化钠可以直接配制标准溶液。（　　）

7. 定量分析方法，按试样用量可以分为常量、微量、半微量、超微量等分析方法。常量分析的试样取用量的范围为小于 0.1 mg 或小于 0.01 mL。（　　）

8. 重铬酸钾法一般在强酸介质中进行，而间接碘量法不宜在强酸或强碱介质中进行。（　　）

9. 实验室盛高锰酸钾溶液后产生的褐色污垢用盐酸和草酸钠进行洗涤。（　　）

10. 莫尔法既可用硝酸银滴定卤素离子，也可用氯化钠滴定银离子。（　　）

二、单项选择题（每题 1.5 分，共 45 分）

1. 药用硼砂保存于干燥器中，用于标定盐酸时，浓度将会（　　）。

A. 偏高　　　　　　B. 开始偏高之后偏低　　C. 偏低　　　　　　D. 无影响

2. 标定盐酸常用的基准物质是（　　）。

A. 氧化锌　　　　　B. 邻苯二甲酸氢钾　　　C. 硼砂　　　　　　D. 二水合草酸

3. 标定氢氧化钠常用的基准物质是（　　）。

A. 氧化锌　　　　　B. 邻苯二甲酸氢钾　　　C. 硼砂　　　　　　D. 无水碳酸钠

4. 由化学物品引起的火灾，能用水灭火的物质是（　　）。

A. 金属钠　　　　　B. 五氧化二磷　　　　　C. 过氧化物　　　　D. 三氧化二铝

5. 化学烧伤中，酸的蚀伤，应用大量的水冲洗，然后用（　　）冲洗，再用水冲洗。

A. $0.3\ mol \cdot L^{-1} CH_3COOH$ 溶液　　　　　　B. 2% $NaHCO_3$ 溶液

C. $0.3\ mol \cdot L^{-1}$ 盐酸　　　　　　　　　　　D. 2% NaOH 溶液

6. 下列废液处理不正确的是（　　）。

A. 可燃物加双氧水氧化

B. 氢氧化钠和氨水液用盐酸水溶液中和

C. Hg^{2+} 和 As^{3+} 等废液用硫化物沉淀，控制酸度 0.3 $mol \cdot L^{-1}$

D. 含 CN^- 废液加入氢氧化钠使 pH 在 10 以上，再加 3% 的 $KMnO_4$

7. 用盐酸滴定 Na_2CO_3 时，以甲基橙为指示剂，这时 Na_2CO_3 与 HCl 的物质的量之比是（　　）。

A. 1∶2　　　　　　B. 2∶1　　　　　　C. 1∶1　　　　　D. 1∶4

8. 在药物实验室中 AR 试剂表示的是（　　　）。

A. 化学纯　　　　　B. 优级纯　　　　　C. 色谱纯　　　　D. 分析纯

9. 35.450 00 若要求保留 3 位有效数字，结果为（　　　）。

A. 35.4　　　　　　B. 35.5　　　　　　C. 35.40　　　　　D. 35.50

10. 下列仪器中，不能用于加热的是（　　　）。

A. 锥形瓶　　　　　B. 容量瓶　　　　　C. 烧杯　　　　　D. 试管

11. 减小试剂误差的方法是做（　　　）。

A. 空白试验　　　　　　　　　　　　B. 对照试验

C. 校准仪器　　　　　　　　　　　　D. 增加平行测定的次数

12. 配制 $Na_2S_2O_3$ 标准溶液时，下列操作错误的是（　　　）。

A. 将 $Na_2S_2O_3$ 溶液储存在棕色试剂瓶中　　B. 将 $Na_2S_2O_3$ 溶液溶解后煮沸

C. 用台秤称量一定量的 $Na_2S_2O_3$　　　　　　D. 配制完放置一周后标定

13. 滴定分析中指示剂的选择依据之一是（　　　）。

A. 滴定反应速度　　　　　　　　　　B. 滴定突跃所在范围

C. 被测物浓度　　　　　　　　　　　D. 溶液体积

14. 用 EDTA 滴定 Ca^{2+} 和 Mg^{2+}，若溶液中存在少量的 Fe^{3+} 和 Al^{3+}，将对测定有干扰，消除干扰的方法是（　　　）。

A. 加 KCN 掩蔽 Fe^{3+}，加 NaF 掩蔽 Al^{3+}

B. 加抗坏血酸将 Fe^{3+} 还原为 Fe^{2+}，加 NaF 掩蔽 Al^{3+}

C. 采用沉淀掩蔽法，加 NaOH 沉淀 Fe^{3+} 和 Al^{3+}

D. 在酸性条件下，加入三乙醇胺，再调到碱性以掩蔽 Fe^{3+} 和 Al^{3+}

15. 下列哪种误差属于操作误差（　　　）。

A. 加错试剂　　　　　　　　　　　　B. 溶液溅失

C. 操作人员看错砝码面值　　　　　　D. 操作人员对终点颜色的辨别不够敏锐

16. 在 Ca^{2+} 和 Mg^{2+} 混合液中，在少量 Mg^{2+} 存在情况下，用 EDTA 法测定 Ca^{2+}，要消除 Mg^{2+} 的干扰，宜用（　　　）。

A. 沉淀分离　　　B. 控制酸度　　　C. 配位掩蔽　　　D. 氧化还原掩蔽法

17. $KMnO_4$ 标准溶液盛放在（　　　）滴定管中。

A. 碱式　　　　　　B. 无色酸式　　　　C. 棕色酸式　　　D. 带蓝带的碱式

18. 空白试验是在不加入试样的情况下，按所使用的测定方法，以同样的条件、同样试剂进行，主要检查试剂、蒸馏水及器皿的杂质引入的（　　　）。

A. 偶然误差　　　B. 随机误差　　　C. 大误差　　　D. 系统误差

19. 用重量法测定某试样中的 Fe，沉淀形式为 $Fe(OH)_3 \cdot nH_2O$，称量形式为 Fe_2O_3，换算因数应为（　　　）。

A. $Fe/Fe(OH)_3 \cdot nH_2O$　　　　　　B. Fe_2O_3/Fe

C. $2Fe/Fe_2O_3$　　　　　　　　　　　D. $Fe_2O_3/2Fe$

20. 对于下列溶液在读取滴定管读数时，读液面周边最高点的是（　　　）。

A. 重铬酸钾标准溶液　　　　　　　B. 硫代硫酸钠标准溶液

C. 高锰酸钾标准溶液　　　　　　　D. 溴酸钾标准溶液

21. 碘量法中误差的主要来源是（　　　）。

A. 指示剂变色不明显　　　　　　　B. I^- 容易被空气中的氧所氧化

C. 滴定时酸度要求太苛刻　　　　　D. I_2 标准溶液浓度不好确定

22. 用沉淀滴定法测定 Ag^+，较适宜的方法为（　　　）。

A. 莫尔法直接滴定　　　　　　　　B. 莫尔法间接滴定

C. 佛尔哈德法直接滴定　　　　　　D. 佛尔哈德法间接滴定

23. 使用移液管吸取溶液时，应将管尖插入液面以下约（　　　）。

A. 0.5 ～ 1 cm　　　　　　　　　　B. 5 ～ 6 cm

C. 1 ～ 2 cm　　　　　　　　　　　D. 7 ～ 8 cm

24. 莫尔法测定 Cl^- 时，要求介质 pH 为 6.5 ～ 10，若酸度过高，则（　　　）。

A. 氯化银沉淀不完全　　　　　　　B. 氯化银吸附 Cl^-

C. Ag_2CrO_4 沉淀不易形成　　　　D. AgCl 沉淀易溶解

25. 下列条件中适于佛尔哈德法的是（　　　）。

A. pH 为 6.5 ～ 10.0　　　　　　　B. 以铬酸钾为指示剂

C. 酸度为 0.1 ～ 1.0 mol·L^{-1}　　D. 以荧光黄为指示剂

26. 某一酸碱指示剂的 $pK_{HIn}=3.4$，它的变色范围应是（　　　）。

A. 2.4 ～ 3.4　　B. 2.4 ～ 4.4　　C. 4.4 ～ 6.2　　D. 6.2 ～ 7.6

27. 将不同强度的酸碱调节到同一强度水平的效应称为（　　　）。

A. 酸效应　　　　B. 区分效应　　　C. 均化效应　　　D. 盐效应

28. 间接碘量法测定 Cu^{2+} 时，在乙酸介质中反应：$2Cu^{2+} + 4I^- = 2CuI\downarrow + I_2$。反应能向右定量地完成，主要原因是（　　　）。

A. 由于 CuI 沉淀的生成，使 Cu^{2+}/Cu^+ 电对和 I_2/I^- 电对的电势发生了改变

B. 由于过量的 I^- 使 I_2/I^- 电对的电势减少了

C. 由于 CuI 沉淀的生成，使 Cu^{2+}/Cu^+ 电对的电势增大了

D. 由于乙酸的存在，使 Cu^{2+}/Cu^+ 电对的电势增大了

29. 用 $K_2Cr_2O_7$ 标定 $Na_2S_2O_3$ 时，KI 与 $K_2Cr_2O_7$ 反应较慢，为了使反应能进行完全，下列措施中不正确的是（　　　）。

A. 增加 KI 的量　　　　　　　　　B. 溶液在暗处放置 5 min

C. 使反应在较浓溶液中进行　　　　D. 加热

30. 分析数据的可靠性随平行测定次数的增加而提高，但达到一定次数后，再增加测定次数也就没有意义了。这一次数为（　　　）。

A. 3　　　　　　　B. 8　　　　　　　C. 10　　　　　　　D. 20

三、多项选择题（每题 2 分，共 16 分）

1. 在间接碘法中，下列操作错误的是（　　　）。

A. 边滴定边快速摇动

B. 加入过量 KI，并在室温和避免阳光直射的条件下滴定

C. 在 70 ～ 80 ℃ 恒温条件下滴定

D. 滴定一开始就加入淀粉指示剂

2. 不能在烘箱中进行烘干的玻璃仪器是（　　　）。

A. 滴定管　　　　　B. 移液管　　　　　C. 称量瓶　　　　　D. 常量瓶

3. 基准物质应具备下列哪些条件（　　　）。

A. 稳定　　　　　B. 必须具有足够的纯度　　C. 易溶解

D. 最好具有较大的摩尔质量　　　　　E. 物质的实际组成与化学式完全

4. 在碘量法中为了减少 I_2 的挥发，常采用的措施有（　　　）。

A. 使用碘量瓶　　　　　　　　　　B. 溶液酸度控制在 pH > 8

C. 适当加热增加 I_2 的溶解度，减少挥发　　D. 加入过量 KI

5. 配制 $0.1\ mol \cdot L^{-1}$ HCl 标准溶液，可选用（　　　）等方法。

A. 先粗配 $0.1\ mol \cdot L^{-1}$ 盐酸，用无水 Na_2CO_3 基准物质标定

B. 先粗配 $0.1\ mol \cdot L^{-1}$ 盐酸，用硼砂标定

C. 先粗配 $0.1\ mol \cdot L^{-1}$ 盐酸，用标准的 $0.1\ mol \cdot L^{-1}$ NaOH 溶液标定

D. 量取经计算的浓盐酸体积后，加入定量的水稀释，直接配制

6. 下列溶液中，需储放于棕色细口瓶的标准滴定溶液有（　　　）。

A. $AgNO_3$　　　　B. $Na_2S_2O_3$　　　　C. NaOH　　　　D. EDTA

7. 在重量分析法中，形成无定形沉淀的条件通常有（　　　）。

A. 在较浓的溶液中进行沉淀反应　　　B. 在较稀的溶液中进行沉淀反应

C. 在高温下进行沉淀反应　　　　　D. 在低温下进行沉淀反应

E. 反应液中加入电解质

8. 氧化还原法中常用的滴定液是（　　　）。

A. 碘滴定液　　　　B. 硫酸铈滴定液　　　　C. 锌滴定液

D. 草酸滴定液　　　E. 硝酸银滴定液

四、配伍题（每题 1 分，共 10 分）

[1 ～ 5] 可选择的方法为：

A. 非水碱量法　　　B. 非水酸量法　　　C. 两者均可　　　D. 两者均不可

1. 以冰乙酸为溶剂（　　　）

2. 以二甲基甲酰胺为溶剂（　　　）

3. 以水为溶剂（　　　）

4. 以苯为溶剂（　　　）

5. 以甲醇为溶剂（　　　）

[6 ～ 10] 下列测定中选择的指示剂为：

A. 硫酸铁铵　　　B. 结晶紫　　　C. 淀粉　　　D. 二甲酚橙

E. 酚酞

6. 以 $K_2Cr_2O_7$ 为基准物标定 $Na_2S_2O_3$ 滴定液（　　　）

7. 用 EDTA 滴定液测定氢氧化铝（   ）

8. 用 $HClO_4$ 滴定液测定盐酸麻黄碱（   ）

9. 用 NaOH 滴定液测定十一烯酸（   ）

10. 用 $AgNO_3$ 滴定液测定三氯叔丁醇（   ）

五、填空题（每空 1 分，共 13 分）

1. 滴定管小数点后最后一位数字估读不准，产生的误差属于（   ）误差。

2. 碱式滴定管气泡未赶出，滴定过程中气泡消失，会导致滴定体积（   ）（"偏高"或"偏低"）。

3. 滴定分析中，一般利用指示剂颜色的突变来判断化学计量点的到达，在指示剂变色时停止滴定，这一点称为（   ）。

4. 间接碘量法常以淀粉为指示剂，加入指示剂的适宜时间是（   ）。

5. EDTA 标准溶液常用（   ）配制。标定 EDTA 溶液一般多采用（   ）为基准物质，用（   ）为指示剂。

6. 莫尔法测定 NH_4Cl 中的 Cl^- 含量时，若溶液 pH > 7.5，则会形成（   ）而产生误差。

7. 用法扬司法测定 Cl^- 时，在荧光黄指示剂溶液中常加入淀粉，其目的是保护（   ）。

8. $AgNO_3$ 作为滴定剂在滴定分析中应盛装在（   ）。

9. 计算：$x = 11.05 + 1.3153 + 1.225 + 25.0678$，其 x 应为（   ）。

10. 佛尔哈德法中，测定 Cl^- 时，AgCl 沉淀容易转化成 AgSCN 沉淀而导致测定误差。在实验中，可采用（   ）和（   ）的方法防止。

六、简答题（每题 3 分，共 6 分）

1. 应用银量法测定下列试样中的 Cl^- 含量时，要选用哪种指示剂指示终点较为适宜？
（1）$BaCl_2$ （2）NaCl + Na_2SO_4 （3）$FeCl_2$

2. 在 pH = 3 的条件下，用莫尔法测定 Cl^- 时结果会怎样？说明原因。

模拟卷（二）

一、判断题（每题 1 分，在括号内打"√"或打"×"，共 10 分）

1. 用 25 mL 移液管移出的溶液体积应记录为 25 mL。（　　）

2. 滴定分析的相对误差一般要求为 0.1%，滴定时耗用标准溶液的体积应控制在 20～30 mL。（　　）

3. 可以减小随机误差的方法是做空白试验。（　　）

4. $AgNO_3$ 标准溶液应盛装在酸式滴定管中使用。（　　）

5. 测自来水总硬度时，要求 pH = 10，所以加入乙酸—乙酸钠缓冲溶液。（　　）

6. 使用吸管时，绝不能用未经洗净的同一吸管插入不同试剂瓶中吸取试剂。（　　）

7. 滴定分析中，滴定至溶液中指示剂恰好发生颜色变化时即为计量点。（　　）

8. 在酸性介质中，用高锰酸钾溶液滴定草酸盐，滴定应像酸碱滴定一样快速进行。（　　）

9. 莫尔法测定 Cl^- 含量时，若指示剂 K_2CrO_4 用量太大，会使终点提前到达，测定结果将会产生正误差。（　　）

10. 佛尔哈德法测定碘离子时，不需要除去银盐沉淀，这是因为 AgI 比 AgSCN 的溶解度小，不会发生沉淀的转化。（　　）

二、单项选择题（每题 1.5 分，共 45 分）

1. 标定 EDTA 溶液常用的基准物质是（　　）。

A. 99.99% 金属锌　　　　B. ZnO　　　　C. 分析纯 CaO　　　　D. 基准 $AgNO_3$

2. 基准物质 NaCl 常用于标定的物质是（　　）。

A. $Pb(NO_3)_2$　　　　B. $AgNO_3$　　　　C. $Bi(NO_3)_3$　　　　D. $Cu(NO_3)_2$

3. 实验室中常用的铬酸洗涤剂是由哪两种物质配制的（　　）。

A. K_2CrO_4 和浓硫酸　　　　　　　　B. K_2CrO_4 和浓盐酸

C. $K_2Cr_2O_7$ 和浓盐酸　　　　　　　　D. K_2CrO_4 和浓硫酸

4. 化验室物品存放不正确的是（　　）。

A. HF 放在棕色玻璃瓶中　　　　　　　　B. 剧毒物品要有专人保管

C. 易燃易爆试剂应贮藏于铁柜中　　　　　D. 过氧化苯甲酰不宜与苯酚放在一起

5. 被盐酸、硫酸或硝酸灼烧后，其救治方法是（　　）。

A. 用肥皂水冲洗

B. 用大量水冲洗，再用酒精冲洗

C. 用大量水冲洗，再用 2% $NaHCO_3$ 冲洗

D. 用大量水冲洗，在用 2% 的 NaOH 冲洗

6. 不慎发生意外，下列操作中（　　）是正确的。

A. 如果不慎将化学品弄洒或污染，立即自行回收或者清理现场，以免对他人产生危险

B. 任何时候见到他人洒落的液体，应及时用抹布抹去，以免发生危险

C. pH 为中性即意味着液体是水，自行清理即可

D. 不慎将化学试剂弄到衣物和身体上，立即用大量清水冲洗 10 ~ 15 min

7. 不同规格化学试剂可用不同的英文缩写符号来代表，下列分别代表优级纯试剂和化学纯试剂的是（　　　）。

　　A. GB、GR　　　　　　　B. GB、CP　　　　C. GR、CP　　　　D. CP、CA

8、下列选项中，只能量取一种体积的是（　　　）。

　　A. 吸量管　　　　　　　B. 移液管　　　　　C. 量筒　　　　　D. 量杯

9. 将置于普通干燥器中保存的 $Na_2B_4O_7 \cdot 10H_2O$ 作为基准物质用于标定盐酸的浓度，则盐酸的浓度将（　　　）。

　　A. 偏高　　　　　　　　B. 偏低　　　　　　C. 无影响　　　　D. 不能确定

10. EDTA 法测定水的钙硬度是在 pH =（　　　）的缓冲溶液中进行。

　　A. 7　　　　　　　　　B. 8　　　　　　　　C. 10　　　　　　D. 12

11. 用万分之一分析天平称量时，结果应记录到小数点后（　　　）位。

　　A. 1　　　　　　　　　B. 2　　　　　　　　C. 3　　　　　　D. 4

12. 间接碘量法中，加入淀粉指示剂的适宜时间是（　　　）。

　　A. 滴定开始时　　　　　　　　　　　B. 滴定至接近终点时

　　C. 滴定至 I_3^- 的红棕色褪尽，溶液呈无色　　D. 在标准溶液滴定了近 50% 时

13. 操作中，温度的变化属于（　　　）。

　　A. 系统误差　　　　　　B. 方法误差　　　　C. 操作误差　　　　D. 偶然误差

14. 在滴定分析中，通常借助于指示剂的颜色的突变来判断化学计量点的到达，在指示剂变色时停止滴定。这一点称为（　　　）。

　　A. 化学计量点　　　　　B. 滴定分析　　　　C. 滴定　　　　　D. 滴定终点

15. 沉淀重量法测定 $FeSO_4$ 的换算因数为（　　　）。

　　A. $2Fe/Fe_2O_3$　　　　　　　　　　　B. $2FeSO_4/Fe_2O_3$

　　C. $Fe/FeSO_4$　　　　　　　　　　　D. $Fe/Fe(OH)_3$　　　E. $FeSO_4/FeO$

16. 如发现容量瓶漏水，则应（　　　）。

　　A. 调换磨口塞　　　　　　　　　　　B. 在瓶塞周围涂油

　　C. 停止使用　　　　　　　　　　　　D. 摇匀时勿倒置

17. 判断强碱能对弱酸进行准确滴定的条件是（　　　）。

　　A. $c \geqslant 10^{-8}$（$mol \cdot L^{-1}$）　　　　　　B. $c/K_a \geqslant 500$

　　C. $c \cdot K_a \geqslant 20 K$　　　　　　　　　　D. $cK_a > 10^{-8}$　　　E. $K_a/K_b \geqslant 10^1$

18. 酸碱指示剂的变色范围 pH 计算式为（　　　）。

　　A. $pH = pKs \pm 1$　　　　　　　　　　B. $pH = -lg[H^+]$

　　C. $pH = pK_{HIn} + 1$　　　　　　　　　D. $pH = pK_{HIn} \pm 1$

　　E. $pH = lg[H^+] \pm 1$

19. 某溶液含钙和镁离子及少量 Fe^{3+} 和 Al^{3+}，今加入三乙醇胺调到 pH = 10，以铬黑 T 为指示剂，用 EDTA 滴定，此时测定的是（　　　）。

A. Ca^{2+} 的含量   B. Mg^{2+} 的含量

C. Fe^{3+} 和 Mg^{2+} 的总含量   D. Fe^{3+}、Mg^{2+} 和 Al^{3+} 的总含量

20. 用 EDTA 滴定 Bi^{3+} 时，消除 Fe^{3+} 干扰宜采用（　　）。

A. 加氢氧化钠   B. 加抗坏血酸

C. 加三乙醇胺   D. 加氰化钾

21. 采用 EDTA 作为配位滴定剂的主要优点是（　　）。

A. 可在大量 Mg^{2+} 存在下滴定 Ca^{2+} B. 可在大量 Ca^{2+} 存在下滴定 Mg^{2+}

C. 滴定 Cu^{2+} 时，Zn^{2+}、Cr^{3+} 不干扰   D. 滴定 Ni^{2+} 时，Mn^{2+} 不干扰

22. 取 100.00 mL 水样测定水的硬度时，耗去 0.015 00 $mol \cdot L^{-1}$ EDTA 标准溶液 15.75 mL。则以 $CaCO_3$（摩尔质量为 100.1 $g \cdot mol^{-1}$）表示水的硬度（$mg \cdot L^{-1}$）是（　　）。

A. 23.62   B. 2.362   C. 236.2   D. 2362

23. 水总硬度的测定常采用配位滴定法：取水样 100 mL 于锥形瓶中，加氨缓冲溶液（pH = 10）及铬黑 T 指示剂，用 0.010 00 $mol \cdot L^{-1}$ EDTA 标准溶液滴定至溶液由紫红色变为纯蓝色为终点，消耗 EDTA 标准溶液 12.34 mL，水样中总硬度为（　　）$mg \cdot L^{-1}$（以 CaO 计）。已知 CaO 的摩尔质量为 = 56.08 $g \cdot mol^{-1}$。

A. 0.83   B. 8.30   C. 83.0   D. 830.0

24. 标定高氯酸滴定液采用的指示剂及基准物质是（　　）。

A. 酚酞、邻苯二甲酸氢钾   B. 酚酞、重铬酸钾

C. 结晶紫、重铬酸钾   D. 结晶紫、邻苯二甲酸氢钾

25. 用 $KMnO_4$ 法测定 Ca^{2+} 含量时，下列正确的操作是（　　）。

A. 制备 CaC_2O_4 沉淀时，应用盐酸控制 $C_2O_4^{2-}$ 浓度

B. 控制滴加 $KMnO_4$ 溶液的速度

C. 将待测溶液加热至近沸状态下滴定

D. 使溶液保持强酸性，$[H^+]$ 控制在 3 $mol \cdot L^{-1}$ 左右

26. 为测定 NaCl 和 Na_2SO_4 中的 Cl^- 的含量，用银量法的莫尔法时应选用的指示剂是（　　）。

A. 铬酸钾   B. 铁铵矾   C. 曙红   D. 荧光黄

27. 下列试样中可用莫尔法直接滴定的是（　　）。

A. 三氯化铁   B. 氯化钡

C. 氯化钠和硫化钠   D. 氯化钠和硫酸钠

28. 以铁铵矾为指示剂，用 NH_4SCN 标准溶液滴定 Ag^+ 时，适合的条件是（　　）。

A. 酸性   B. 弱酸性   C. 中性   D. 弱碱性

29. 以下 3 个数字 0.536 2、0.001 4、0.25 之和应为（　　）。

A. 0.79   B. 0.788   C. 0.787   D. 0.7876

30. 以 SO_4^{2-} 沉淀 Ba^{2+} 时，加入适量过量的 SO_4^{2-}，可以使 Ba^{2+} 沉淀更完全。这是利用了（　　）。

A. 盐效应   B. 酸效应   C. 配位效应   D. 同离子效应

三、多项选择题（每题2分，共16分）

1. 下列器皿中，需要在使用前用待装溶液荡洗3次的是（　　　　）。

A. 锥形瓶　　　　　B. 滴定管　　　　　C. 容量瓶　　　　　D. 移液管

2. 标定NaOH溶液常用的基准物有（　　　　）。

A. 无水碳酸钠　　　　　B. 邻苯二甲酸氢钾

C. 硼砂　　　　　D. 二水草酸　　　　　E. 碳酸钙

3. 在滴定分析法测定中出现的下列情况，（　　　）是系统误差。

A. 试样未经充分混匀　　　　　B. 滴定管的读数读错

C. 所用试剂不纯　　　　　D. 砝码未经校正

4. 间接碘量法分析过程中加入KI和少量HCl的目的是（　　　　）。

A. 防止碘的挥发　　　　　B. 加快反应速度

C. 增加碘在溶液中的溶解度　　　　　D. 防止碘在碱性溶液中发生歧化反应

5. 用移液管移取溶液时，下列操作正确的是（　　　　）。

A. 移液管垂直置于容器液面上方

B. 移液管竖直插入溶液底部

C. 移液管倾斜约30°，使管尖与容器壁接触

D. 容器倾斜约30°，与竖直的移液管尖端接触

6. 下列操作中错误的是（　　　　）。

A. 配制NaOH标准溶液时，用量筒量取水

B. 把$AgNO_3$标准溶液贮于橡胶塞的棕色瓶中

C. 把$Na_2S_2O_3$标准溶液储于棕色细口瓶中

D. 用EDTA标准溶液滴定Ca^{2+}时，滴定速度要快些

7. 重量分析法一般分为（　　　　）。

A. 沉淀法　　　　　B. 挥发法　　　　　C. 萃取法　　　　　D. 残留法

E. 熔融法

8、下列哪些药物可以用高氯酸滴定液进行非水溶液滴定（　　　　）。

A. 枸橼酸钾　　　　　B. 盐酸麻黄碱　　　　　C. 重酒石酸去甲肾上腺素

D. 咖啡因　　　　　E. 异戊巴比妥

四、配伍题（选择正确的答案，填入题后的括号内。每题1分，共10分）

[1～5] 测定中所用的指示液：

A. 结晶紫　　　　　B. 碘化钾—淀粉　　　　　C. 荧光黄　　　　　D. 酚酞

E. 邻二氮菲

1. 亚硝酸钠法（　　　）

2. 吸附指示剂法（　　　）

3. 非水碱量法（　　　）

4. 酸碱滴定法（　　　）

5. 铈量法（　　）

[6～10] 应选择的溶剂为：

A. 纯水　　　　B. 液氨　　　　C. 冰乙酸　　　　D. 甲苯

E. 甲醇

6. 苯酚、水杨酸、盐酸和高氯酸的均化溶剂（　　）

7. 苯酚、水杨酸、盐酸和高氯酸的区分溶剂（　　）

8. 非质子性溶剂（　　）

9. 奎宁是弱碱，应在何种溶剂滴定（　　）

10. 中国药典（1990年版）用硝酸银滴定苯巴比妥应选择最佳溶剂（　　）

五、填空题（每空1分，共13分）

1. 药物定量分析工作要求测定结果的误差（　　　　）。

2. 误差是衡量（　　　　）的高低，偏差是衡量（　　　　）的高低（"准确度"或"精密度"）。

3. 在非缓冲溶液中用 EDTA 滴定金属离子时，溶液的 pH 将（　　　　）（"增大""减小"或"不变"）。

4. 碘量法测定 Cu^{2+} 的过程中，加入 KI 的作用是（　　　　）（　　　　）和（　　　　）。

5. 滴定管最后一位数字估读不准确属于（　　　　）误差；天平砝码有轻微锈蚀所引起的误差属于（　　　　）误差。

6. 称取 $K_2Cr_2O_7$ 基准物质时，有少量 $K_2Cr_2O_7$ 撒在天平盘上而未发现，则 $K_2Cr_2O_7$ 标准溶液浓度将偏（　　　　）；用此溶液测定试样中 Fe 的含量时，将引起（　　　　）误差（填正或负）。

7. 配制标准溶液的方法一般有（　　　　）和（　　　　）2种。

六、简答题（每题3分，共6分）

1. 为什么碘量法不适于在低 pH 或高 pH 条件下进行？

2. 用法扬司法测定水中 Cl^-，用曙红作指示剂结果会怎样？说明原因。

模拟卷（三）

一、判断题（每题 1 分，在括号内打 "√" 或打 "×"，共 10 分）

1. 佛尔哈德法是以 NH_4SCN 为标准滴定溶液，铁铵矾为指示剂，在稀硝酸溶液中进行滴定。（　　）

2. 滴定管读数时，必须读取弯液面的最低点。（　　）

3. 以 HCl 标准溶液滴定碱液中的总碱量时，滴定管的内壁挂液珠，会使分析结果偏低。（　　）

4. 测定水的硬度时，需要对 Ca^{2+}、Mg^{2+} 分别进行定量测定。（　　）

5. 试样不均匀会引起随机误差。（　　）

6. 配制酸碱标准溶液时，用吸量管量取盐酸，用台秤称取 NaOH。（　　）

7. 强酸滴定弱碱的计量点的 pH 大于 7。（　　）

8. 凡是优级纯的物质都可用于直接法配制标准溶液。（　　）

9. 分析测定结果的偶然误差可通过适当增加平行测定次数来减免。（　　）

10. 用 100 mL 容量瓶准确量取 100.00 mL 某标准溶液。（　　）

二、单项选择题（每题 1.5 分，共 45 分）

1. 实验室 "三废" 包括下列 3 种物质（　　）。

A. 废气、废水、固体废物　　　　　　　B. 废气、废屑、非有机溶剂

C. 废料、废品、废气　　　　　　　　　D. 废料、废水、废渣

2. 实验过程中若发生如下事故，正确的处理方法是（　　）。

A. 浓硫酸溅到皮肤上，用 NaOH 溶液中和

B. 酒精洒在桌面上引起小火，可用水浇灭

C. 苯酚粘在手上，可用 NaOH 溶液洗去

D. 不慎将手划破，立即用浓 $FeCl_3$ 溶液止血

3. 处理使用后的废液时，下列说法错误的是（　　）。

A. 不明的废液不可混合收集存放

B. 废液不可任意处理

C. 禁止将水以外的任何物质倒入下水道，以免造成环境污染和处理人员危险

D. 少量废液用水稀释后，可直接倒入下水道

4. 实验过程中发生烧烫（灼）伤，错误的处理方法是（　　）。

A. 浅表的小面积灼伤，以冷水冲洗 15～30 min 至散热止痛

B. 以生理盐水擦拭（勿以药膏、牙膏、酱油涂抹或以纱布盖住）

C. 若有水泡可自行刺破

D. 大面积的灼伤，应紧急送至医院

5. 分析纯化学试剂标签颜色为（　　）。

A. 绿色　　　　　　　B. 棕色　　　　　　　C. 红色　　　　　　　D. 蓝色

6. 滴定管在记录读数时，小数点后应保留（　　）位。

A. 1　　　　　　　　B. 2　　　　　　　　C. 3　　　　　　　　D. 4

7. 配制 I_2 标准溶液时，是将 I_2 溶解在（　　）中。

A. 水　　　　　　B. KI 溶液　　　　C. 盐酸　　　　　D. KOH 溶液

8. $KMnO_4$ 滴定双氧水时，所需的介质是（　　）。

A. 硫酸　　　　　B. 盐酸　　　　　C. 磷酸　　　　　D. 硝酸

9. 标定 NaOH 溶液的邻苯二甲酸氢钾中含有邻苯二甲酸，对测定结果的影响（　　）。

A. 偏高　　　　　B. 偏低　　　　　C. 无影响　　　　D. 不确定

10. 在沉淀滴定中，以荧光黄作指示剂，用 $AgNO_3$ 标准溶液滴定试液中的 Cl^-，属于（　　）。

A. 佛尔哈德法　　B. 莫尔法　　　　C. 法扬司法　　　D. 非银量法

11. 用 EDTA 滴定 Mg^{2+} 时，采用铬黑 T 为指示剂，溶液中少量 Fe^{3+} 的存在将导致（　　）。

A. 在化学计量点前指示剂即开始游离出来，使终点提前

B. 使 EDTA 与指示剂作用缓慢，终点延长

C. 终点颜色变化不明显，无法确定终点

D. 与指示剂形成沉淀，使其失去作用

12. 常量分析结果的相对平均偏差应满足（　　）。

A. 等于 0.02%　　B. 小于 0.02%　　C. 小于 0.2%　　D. 大于 2%

13. 用沉淀重量法测定硫酸盐药物时，称取沉淀的形式为（　　）。

A. 结晶　　　　　B. 粉末　　　　　C. 非晶体　　　　D. 称量形式

E. 化学因数

14. 放出移液管中的溶液时，当液面降至管尖后，应等待（　　）以上。

A. 5 s　　　　　　B. 10 s　　　　　C. 15 s　　　　　D. 20 s

15. 滴定分析中，一般利用指示剂的突变来判断化学计量点的到达，在指示剂变色时停止滴定，这一点为（　　）。

A. 化学计量点　　B. 滴定分析　　　C. 滴定等当点　　D. 滴定终点

E. 滴定误差

16. 亚硝酸钠滴定法中，加 KBr 的作用是（　　）。

A. 添加 Br^-　　　B. 生成 $NO^+ \cdot Br^-$　　　　　　　C. 生成 HBr

D. 生成 Br_2　　　E. 抑制反应进行

17. 配制好的盐酸溶液贮存于（　　）中。

A. 棕色橡皮塞试剂瓶　　　　　　　B. 白色橡皮塞试剂瓶

C. 白色磨口塞试剂瓶　　　　　　　D. 试剂瓶

18. 高氯酸滴定液配制时加入醋酐，其目的是（　　）。

A. 除去溶剂冰乙酸中的水分　　　　B. 除去市售高氯酸中的水分

C. 增加高氯酸的稳定性　　　　　　D. 调节溶液酸度

19. 标定 $Na_2S_2O_3$ 采用的基准物质是（　　　）。

A. $Na_2B_4O_7 \cdot 10H_2O$ B. Na_2CO_3 C. $KBrO_3$ D. $H_2C_2O_4$

20. 下列叙述中，（　　　）情况适于沉淀 $BaSO_4$。

A. 在较浓的溶液中进行沉淀

B. 在热溶液中及电解质存在的条件下沉淀

C. 进行陈化

D. 趁热过滤、洗涤、不必陈化

21. 滴定分析中，若怀疑试剂失效，可通过（　　　）方法进行验证。

A. 仪器校正   B. 对照分析   C. 空白试验   D. 多次平行测定

22. 在滴定分析中，所使用的锥形瓶沾有少量蒸馏水，使用前（　　　）。

A. 必须用滤纸擦干   B. 必须烘干

C. 不必处理   D. 必须用标准溶液荡洗 2 ～ 3 次

23. 已知邻苯二甲酸氢钾（用 KHP 表示）的摩尔质量为 204.2 $g \cdot mol^{-1}$，用它来标定 0.1 $mol \cdot L^{-1}$ 的 NaOH 溶液，宜称取 KHP 质量为（　　　）。

A. 0.25 g 左右   B. 1 g 左右   C. 0.6 g 左右   D. 0.1 g 左右

24. 欲配制 0.2 $mol \cdot L^{-1}$ 的 H_2SO_4 溶液和 0.2 $mol \cdot L^{-1}$ 的盐酸，应选用（　　　）量取。

A. 量筒   B. 容量瓶   C. 酸式滴定管   D. 移液管

25. 当滴定管若有油污时可用（　　　）洗涤后，依次用自来水冲洗、蒸馏水洗涤 3 遍备用。

A. 去污粉   B. 铬酸洗涤剂   C. 强碱溶液   D. 都不对

26. 以下基准试剂使用前干燥条件不正确的是（　　　）。

A. 无水 Na_2CO_3，270 ～ 300 ℃   B. ZnO，800 ℃

C. $CaCO_3$，800 ℃   D. 邻苯二甲酸氢钾，105 ～ 110 ℃

27. 水硬度可以德国计量单位度（°）表示，1°为 1 L 水中含有（　　　）g CaO。

A. 1   B. 0.1   C. 0.01   D. 0.001

28. 在碘量法中，淀粉是专属指示剂，当溶液呈蓝色时，这是（　　　）。

A. 碘的颜色   B. I^- 的颜色

C. 游离碘与淀粉生成物的颜色   D. I^- 与淀粉生成物的颜色

29. 间接碘量法（即滴定碘法）中加入淀粉指示剂的适宜时间是（　　　）。

A. 滴定开始时

B. 滴定至接近终点，溶液呈稻草黄色时

C. 滴定至 I_3^- 的红棕色褪尽，溶液呈无色时

D. 在标准溶液滴定了近 50% 时

E. 在标准溶液滴定了 50% 后

30. 用 $Na_2C_2O_4$ 作基准物标定 $KMnO_4$ 溶液时，开始反应速度慢，稍后，反应速度明显加快，这是（　　　）起催化作用。

A. H^+ B. MnO_4^- C. Mn^{2+} D. CO_2

三、多项选择题（每题 2 分，共 16 分）

1. 配位滴定法中，EDTA 和金属离子配位的特点为（ ）。
A. 形成的配位物稳定
B. 形成的配位物溶于水
C. 形成的配位物多无色
D. EDTA 和金属离子比为 1∶1
E. 形成的配位物应具颜色

2. 测定中出现下列情况，属于偶然误差的是（ ）。
A. 滴定时所加试剂中含有微量的被测物质
B. 某分析人员几次读取同一滴定管的读数不能取得一致
C. 滴定时发现有少量溶液溅出
D. 某人用同样的方法测定，但结果总不能一致

3. 可用酸式滴定管盛放的滴定液有（ ）。
A. 硫酸滴定液
B. 氢氧化钠滴定液
C. 碘滴定液
D. 硝酸滴定液

4. 采用 Volhord 法测定时，为了防止 AgCl 转化为 AgSCN，需采用的措施有（ ）。
A. 将滴定反应完全后滤除 AgCl 沉淀
B. 加入硝基苯
C. 加入邻苯二甲酸二丁酯
D. 加入高浓度的 Fe^{3+} 溶液作指示剂
E. 强力振摇

5. 消除系统误差的方法为（ ）。
A. 校正所用的仪器
B. 作对照试验
C. 做空白试验
D. 做预试验
E. 做回收试验

6. 具备直接滴定法要求的化学反应，应满足（ ）。
A. 反应必须定量进行
B. 能与滴定液反应的物质都可用于直接滴定分析法
C. 有可靠、适宜、简便的方法指示终点
D. 反应必须迅速

7. 以下不可以用直接法配制标准溶液的物质是（ ）。
A. HCl
B. NaOH
C. $K_2Cr_2O_7$
D. Na_2CO_3

8. 滴定分析实验中，经过蒸馏水或去离子水洗过的容器，不需润洗的是（ ）。
A. 移液管
B. 滴定管
C. 容量瓶
D. 烧杯

四、配伍题（选择正确的答案，填入题后的括号内。每题 1 分，共 10 分）

[1～5] 标定下列标准溶液时宜选择的基准物质为：
A. 邻苯二甲酸氢钾
B. 苯甲酸
C. As_2O_3
D. ZnO
E. NaCl

1. $AgNO_3$ 滴定液（ ）
2. 碘滴定液（ ）
3. 甲醇钠滴定液（ ）

4. HClO₄ 滴定液 （   ）

5. EDTA 滴定液 （   ）

[6～10] A. 拉平效应   B. 区分效应   C. 非水酸量法   D. 非水碱量法

E. 须加乙酸汞

6. 用冰乙酸作溶剂 （   ）

7. 用 DMF 作溶剂 （   ）

8. 能使不同酸的强度相等 （   ）

9. 消除有机盐的氯离子的影响 （   ）

10. 高氯酸在冰乙酸中显强酸 （   ）

五、填空题 （每空 1 分，共 13 分）

1. 标定高锰酸钾一般可以选择 （   ） 为基准物。标定高锰酸钾溶液浓度时，若溶液的酸度过低，会导致测定结果偏 （   ）（"高"或"低"）。

2. 在重量分析中由于沉淀溶解损失引起的误差属于 （   ）；滴定管中气泡未赶出引起的误差属于 （   ）；滴定时操作溶液溅出引起的误差属于 （   ）。

3. 佛尔哈德法中所使用的指示剂叫铁铵矾，其分子式为 （   ）。

4. 计算 $\dfrac{0.101\,0 \times (25.00 - 24.80)}{1.000\,0}$，其结果的有效数字位数为 （   ） 位。

5. 标定盐酸的浓度时，可用 Na_2CO_3 或硼砂为基准物质，若 Na_2CO_3 吸水，则标定结果 （   ）；若硼砂结晶水部分失去，则标定结果 （   ）（以上两项填无影响、偏高、偏低）。

6. 莫尔法分析 Cl^- 时用 （   ） 为标准滴定溶液，用 （   ） 为指示剂。溶液的酸度应控制在 （   ） 为宜，酸度浓度过低时，分析结果偏 （   ）。

六、简答题 （每题 3 分，共 6 分）

1. 下列各情况，分析结果是否准确、偏低还是偏高，为什么？

（1）法扬司法滴定 Cl^- 时，用曙红作指示剂。

（2）佛尔哈德法测定 Cl^- 时，溶液中未加硝基苯。

2. 在直接碘量法和间接碘量法中，淀粉指示液的加入时间和终点颜色变化有何不同？

模拟卷（四）

一、判断题（每题 1 分，在括号内打"√"或打"×"，共 10 分）

1. 溶解基准物质时用移液管移取 20 ~ 30 mL 水加入。（　　　）
2. 所谓终点误差是由于操作者终点判断失误或操作不熟练而引起的。（　　　）
3. 通过平行测定，可以考察测定方法的精密度。（　　　）
4. 酸碱指示剂本身必须是有机弱酸或弱碱。（　　　）
5. 用高锰酸钾法测定 H_2O_2 时，需通过加热来加速反应。（　　　）
6. 由于 $K_2Cr_2O_7$ 容易提纯，干燥后可作为基准物直接配制标准液，不必标定。（　　　）
7. 移液管移取溶液经过转移后，残留于移液管管尖处的溶液应该用洗耳球吹入容器中。（　　　）
8. 滴定分析中滴定管要用自来水洗干净后再用蒸馏水润洗 2 ~ 3 次，就可以装入标准溶液进行滴定了。（　　　）
9. 如果基准物未烘干，将使标准溶液浓度的标定结果偏低。（　　　）
10. 银量法测定 Cl^- 含量时，应在中性或弱酸性溶液中进行。（　　　）

二、单项选择题（每题 1.5 分，共 45 分）

1. 使用公用仪器和试剂瓶等应该有下列行为（　　　）。
   A. 立即放回原处　　　　　　　　　B. 可以随意拿放
   C. 试剂瓶中试剂不足时，应自己补充　　D. 以上均可
2. 化学危险药品对人身会有刺激眼睛、灼伤皮肤、损伤呼吸道、麻痹神经、燃烧爆炸等危险，一定要注意化学药品的使用安全，以下做法不正确的是（　　　）。
   A. 了解所使用的危险化学药品的特性，不盲目操作，不违章使用
   B. 妥善保管身边的危险化学药品，做到：标签完整，密封保存；避热、避光、远离火种。
   C. 室内可存放大量危险化学药品
   D. 严防室内积聚高浓度易燃易爆气体
3. 实验完成后，废弃物及废液的处理方法正确的是（　　　）。
   A. 倒入水槽中
   B. 分类收集后，送中转站暂存，然后交有资质的单位处理
   C. 倒入垃圾桶中
   D. 任意弃置
4. 关于重铬酸钾洗涤剂，下列说法错误的是（　　　）。
   A. 将化学反应用过的玻璃器皿不经处理，直接放入重铬酸钾洗涤剂浸泡
   B. 浸泡玻璃器皿时，不可以将手直接插入洗涤剂缸里取放器皿
   C. 从洗涤剂中捞出器皿后，立即放进清洗杯，避免洗涤剂滴落在洗涤剂缸外等处。

然后马上用水连同手套一起清洗。

    D. 取放器皿应戴上专用手套，但在洗涤剂里的时间仍不能过长。

5. 当不慎把少量浓硫酸滴在皮肤上（在皮肤上没形成挂液）时，正确的处理方法是（   ）。

  A. 用酒精棉球擦   B. 不作处理，马上去医院

  C. 用碱液中和后，用水冲洗   D. 用水直接冲洗

6. 直接法配制标准溶液必须使用（   ）。

  A. 基准试剂   B. 化学纯试剂   C. 分析纯试剂   D. 优级纯试剂

7. EDTA 法测定水的总硬度是在 pH =（   ）的缓冲溶液中进行。

  A. 7   B. 8   C. 10   D. 12

8. 测定 Ag^+ 含量时，选用（   ）标准溶液作滴定剂。

  A. NaCl   B. $AgNO_3$ C. NH_4SCN D. Na_2SO_4

9. 用来标定 $KMnO_4$ 溶液的基准物质是（   ）。

  A. $K_2Cr_2O_7$ B. $KBrO_3$ C. Cu   D. $Na_2C_2O_4$

10. 佛尔哈德法测定 Cl^- 时，溶液应为（   ）。

  A. 酸性   B. 弱酸性   C. 中性   D. 碱性

11. $KMnO_4$ 法在酸性溶液中滴定无色或浅色的样品溶液时，最简单的方法是用（   ）指示剂。

  A. 自身   B. 氧化还原   C. 特殊   D. 不可逆

12. 用 NaOH 滴定液（0.100 0 $mol \cdot L^{-1}$）滴定 20.00 mL 0.100 0 $mol \cdot L^{-1}$ 乙酸（$pK_a = 4.75$）时，需选用的指示剂为（   ）。

  A. 甲基橙   B. 酚酞   C. K_2CrO_4 溶液

  D. 甲基红   E. 淀粉溶液

13. 亚硝酸钠滴定法中加入适量溴化钾的作用是（   ）。

  A. 防止重氮盐分解   B. 防止亚硝酸逸失   C. 延缓反应

  D. 加速反应   E. 使终点清晰

14. 采用法扬司法测氯化钠的含量时，加入淀粉或糊精（2%）的目的为（   ）。

  A. 使 AgCl 沉淀得更好   B. 使 AgCl 成均匀的沉淀

  C. 使 AgCl 结成大的颗粒   D. 使 AgCl 沉淀成为很好的胶态

  E. 增加 NaCl 的溶解度

15. 相对标准差表示的应是（   ）。

  A. 准确度   B. 回收率   C. 精密度   D. 纯净度

  E. 限度

16. 用移液管量取的 25 mL 溶液，应记成（   ）。

  A. 25 mL   B. 25.0 mL   C. 25.00 mL   D. 25.000 mL

  E. 25 ±1 mL

17. 减小偶然误差的方法是（   ）。

  A. 做空白试验   B. 做对照试验   C. 做回收试验

D. 增加平行测定次数 　　　　　　　　　　E. 选用多种测定方法

18. 国家标准规定的标定 EDTA 溶液的基准试剂是 （　　　）。

A. Zn 片 　　　　　　B. Cu 片 　　　　　　C. MgO 　　　　　　D. ZnO

19. 测定自来水中钙含量时，Mg^{2+} 的干扰用的是 （　　　） 消除的。

A. 控制酸度法 　　　　B. 配位掩蔽法 　　　C. 氧化还原掩蔽法 　　D. 沉淀掩蔽法

20. 下列各条件中哪一项违反了非晶形沉淀的沉淀条件 （　　　）。

A. 沉淀反应易在较浓溶液中进行 　　　　　　B. 应在不断搅拌下迅速加沉淀剂

C. 沉淀反应宜在热溶液中进行 　　　　　　　D. 沉淀宜放置过夜，使沉淀陈化

21. 用铬酸钾指示剂法测定某样品中 Cl^-，控制 pH = 3.0，其滴定终点将 （　　　）。

A. 不受影响 　　　　　　　　　　　　　　　B. 提前到达

C. 推迟到达 　　　　　　　　　　　　　　　D. 刚好等于化学剂量点

22. 可用于直接配制标准溶液的是 （　　　）。

A. $KMnO_4$ （A.R） 　　　　　　　　　　　B. $K_2Cr_2O_7$ （A.R）

C. $Na_2S_2O_3 \cdot 5H_2O$ （A.R） 　　　　　　D. NaOH （A.R）

23. 指出下列滴定分析操作中，规范的操作是 （　　　）。

A. 滴定之前，用待装标准溶液润洗滴定管 3 次

B. 滴定时，摇动锥形瓶有少量溶液溅出

C. 在滴定前，锥形瓶应用待测液淋洗 3 次

D. 滴定管加溶液不到零刻度 1 cm 时，用滴管加溶液到溶液弯月面最下端与 "0" 刻度相切

24. 将置于普通干燥器中保存的 $Na_2B_4O_7 \cdot 10H_2O$ 作为基准物质用于标定盐酸的浓度，则盐酸的浓度将 （　　　）。

A. 偏高 　　　　　　B. 偏低 　　　　　　C. 无影响 　　　　　　D. 不能确定

25. 已知 $M_{ZnO} = 81.38$ $g \cdot mol^{-1}$，用它来标定 0.02 $mol \cdot L^{-1}$ 的 EDTA 溶液，宜称取 ZnO （　　　）。

A. 4 g 　　　　　　B. 1 g 　　　　　　C. 0.4 g 　　　　　　D. 0.04 g

26. 间接碘量法测定水中 Cu^{2+} 含量，介质的 pH 应控制在 （　　　）。

A. 强酸性 　　　　　　B. 弱酸性 　　　　　C. 弱碱性 　　　　　　D. 强碱性

27. 在间接碘量法中，滴定终点的颜色变化是 （　　　）。

A. 蓝色恰好消失 　　　B. 出现蓝色 　　　　C. 出现浅黄色 　　　D. 黄色恰好消失

28. 配制 I_2 标准溶液时，是将 I_2 溶解在 （　　　） 中。

A. 水 　　　　　　　　B. KI 溶液 　　　　　C. 盐酸 　　　　　　　D. KOH 溶液

29. 用佛尔哈德法测定 Cl^- 时，如果不加硝基苯或邻苯二甲酸二丁酯，会使分析结果 （　　　）。

A. 偏高 　　　　　　　　　　　　　　　　　B. 偏低

C. 无影响 　　　　　　　　　　　　　　　　D. 可能偏高也可能偏低

30. 国家标准规定的实验室用水分为 （　　　） 级。

A. 4 　　　　　　　　　B. 5 　　　　　　　　C. 3 　　　　　　　　D. 2

三、多项选择题（每题 2 分，共 16 分）

1. 在酸性介质中，用 $KMnO_4$ 溶液滴定草酸盐溶液，以下操作错误的是（　　）。

A. 在室温下进行　　　　　　　　　　B. 将溶液煮沸后即进行

C. 将溶液煮沸，冷至 85 ℃进行　　　　D. 将溶液加热到 75 ～ 85 ℃时进行

E. 将溶液加热至 60 ℃时进行

2. 以 $CaCO_3$ 为基准物标定 EDTA 时，（　　）需用操作液润洗。

A. 滴定管　　　　　　B. 容量瓶　　　　　　C. 移液管　　　　　　D. 锥形瓶

3. 下列基准物质中，可用于标定 EDTA 的是（　　）。

A. 无水碳酸钠　　　　B. 氧化锌　　　　　　C. 碳酸钙　　　　　　D. 重铬酸钾

4. 下列操作错误的有（　　）。

A. 将 $AgNO_3$ 滴定液装在碱式滴定管中

B. 将 $K_2Cr_2O_7$ 滴定液装在碱式滴定管中

C. 以 $K_2Cr_2O_7$ 标定 $Na_2S_2O_3$ 溶液时用碘量瓶

D. 上述滴定（C）中，淀粉指示剂宜在接近终点时加入

E. 用 EDTA 滴定液直接滴定 Al^{3+} 时，滴定速度应快

5. 以下所列仪器哪些使用前需进行校正（　　）。

A. 滴定管　　　　　　B. 量瓶　　　　　　C. 量杯　　　　　　D. 移液管

E. 碘量瓶

6. 进行药品检验时，要从大量样品中取出少量样品应考虑取样的（　　）。

A. 多样性　　　　　　B. 真实性　　　　　　C. 代表性　　　　　　D. 科学性

E. 可靠性

7. 标定 HCl 溶液常用的基准物有（　　）。

A. 无水 $NaCO_3$　　　　　　　　　　B. 硼砂（$Na_2B_4O_7 \cdot 10H_2O$）

C. 草酸（$H_2C_2O_4 \cdot 2H_2O$）　　　　D. $CaCO_3$

8. 系统误差来源于（　　）。

A. 分析方法　　　　　B. 所用试剂　　　　　C. 操作者　　　　　D. 所用仪器

E. 工作环境

四、配伍题（每题 1 分，共 10 分）

[1 ～ 4] 各级试剂所用标签的颜色为：

A. 红色　　　　　　　B. 黄色　　　　　　　C. 蓝色　　　　　　　D. 绿色

1. 优级纯（　　　）

2. 分析纯（　　　）

3. 化学纯（　　　）

4. 实验试剂（　　　）

[5 ～ 8] 下列基准物质常用于何种反应：

A. 酸碱反应　　　　　B. 配位反应　　　　　C. 氧化还原反应　　　　D. 沉淀反应

5. 金属锌（   ）

6. $K_2Cr_2O_7$（   ）

7. $Na_2B_4O_7 \cdot 10H_2O$（   ）

8. NaCl（   ）

［9～10］下列各种情况下，出现的终点误差为：

A. 其终点误差是正值   B. 其终点误差是负值

C. 终点误差正、负不能确定

9. NaOH 滴定 HCl，用甲基橙作指示剂（   ）

10. NaOH 滴定 HCl，用酚酞作指示剂（   ）

五、填空题（每空 1 分，共 13 分）

1. 标定硫代硫酸钠一般可以选择（   ）为基准物。称取基准物质时，有少量撒在天平盘上而未发现，用它标定 $Na_2S_2O_3$ 溶液，则所得浓度将会偏（   ）（填"正""负"或"不确定"）。

2. 试剂中含有少量干扰离子，引起的误差属于（   ）；称量时读错数据属于（   ）。

3. 常用于标定 NaOH 溶液浓度的基准物质有（   ）和（   ）。

4. 滴定方式有（   ）（   ）（   ）（   ）4 种。

5. 卤化银对卤化物和几种常见吸附指示剂的吸附能力的次序为：I^- ＞二甲基二碘荧光黄＞Br^-＞曙红＞Cl^-＞荧光黄。滴定 Cl^- 时，选用（   ）为指示剂。滴定 Br^- 时，选用（   ）为指示剂。

6. 用佛尔哈德法测定 I^- 时，如果不加硝基苯或邻苯二甲酸二丁酯，会使分析结果（   ）（填"偏高""偏低"或"无影响"）。

六、简答题（每题 3 分，共 6 分）

1. 简述草酸钠标定 $KMnO_4$ 溶液的标定条件。

2. 为什么配位滴定中常加入缓冲溶液？

分析化学实验模拟试卷答案

模拟卷（一）

一、判断题

1	2	3	4	5	6	7	8	9	10
×	×	√	×	×	×	×	√	√	×

二、单项选择题

1	2	3	4	5	6	7	8	9	10	11	12	13	14	15
C	C	B	D	B	A	A	D	A	B	A	B	B	D	D
16	17	18	19	20	21	22	23	24	25	26	27	28	29	30
A	C	D	C	C	B	C	C	C	C	B	C	C	D	D

三、多项选择题

1	2	3	4	5	6	7	8
ACD	ABD	ABDE	ABD	ABC	AB	ACE	ABD

四、配伍题

1	2	3	4	5	6	7	8	9	10
A	B	D	C	C	C	D	B	E	A

五、填空题

1. 随机误差
2. 偏高
3. 滴定终点
4. 滴定至接近终点时加入
5. 间接法；金属锌；铬黑 T
6. $Ag(NH_3)_2^+$
7. 保护胶体不发生凝聚
8. 棕色酸式滴定管
9. 38.66
10. 过滤；加入有机溶剂

六、简答题

1. （1）佛尔哈德法；（2）铬酸钾法；（3）佛尔哈德法

2. 偏高。$2CrO_4^{2-} + 2H^+ = Cr_2O_7^{2-} + H_2O$，pH = 3 时，呈酸性，平行向右移动，C（铬酸根）减少，为了达到 K_{sp}（铬酸银），就必须加入过量的银离子才会有铬酸银沉淀，因此分析结果偏高。

模拟卷（二）

一、判断题

1	2	3	4	5	6	7	8	9	10
×	√	×	√	×	√	×	×	×	√

二、单项选择题

1	2	3	4	5	6	7	8	9	10	11	12	13	14	15
A	B	D	A	C	D	C	B	B	D	D	B	D	D	B

16	17	18	19	20	21	22	23	24	25	26	27	28	29	30
C	D	D	C	B	A	C	C	D	D	A	D	A	A	D

三、多项选择题

1	2	3	4	5	6	7	8
BD	BD	CD	ABCD	ABC	BD	ABC	ABCD

四、配伍题

1	2	3	4	5	6	7	8	9	10
B	C	A	D	E	B	C	D	C	E

五、填空题

1. 在允许误差范围之内
2. 准确度；精密度
3. 降低
4. 还原剂；沉淀剂；配位剂
5. 随机；系统
6. 正；正
7. 直接法；间接法

六、简答题

1. 碘量法如果在高 pH 条件下运行，将会有以下副反应发生：
$$S_2O_3^{2-} + 4I_2 + 10OH^- = 2SO_4^{2-} + 8I^- + 5H_2O$$

$$3I_2 + OH^- = IO_3^- + 5I^- + 3H_2O$$

在低 pH 条件下硫代硫酸钠发生分解 $S_2O_3^{2-} + 2H^+ = S\downarrow + SO_2\uparrow + H_2O$

2. 偏低。曙红指示剂对 AgCl 的吸附能力强于对 Cl^- 的吸附能力，所以 Cl^- 还没被沉淀完全时，曙红便被 AgCl 吸附，从而指示滴定终点。

模拟卷（三）

一、判断题

1	2	3	4	5	6	7	8	9	10
√	×	√	×	×	×	×	×	√	×

二、单项选择题

1	2	3	4	5	6	7	8	9	10	11	12	13	14	15
A	D	D	C	C	B	B	A	B	C	C	C	D	C	D
16	17	18	19	20	21	22	23	24	25	26	27	28	29	30
B	C	B	C	D	B	C	C	A	B	C	D	C	B	C

三、多项选择题

1	2	3	4	5	6	7	8
ABCD	BD	ACD	ABCD	ABCE	ACD	AB	CD

四、配伍题

1	2	3	4	5	6	7	8	9	10
E	C	B	A	D	D	C	A	E	B

五、填空题

1. $Na_2C_2O_4$；低

2. 系统误差；过失误差；过失误差

3. $NH_4Fe(SO_4)_2 \cdot 12H_2O$

4. 2

5. 偏高；偏低

6. $AgNO_3$；K_2CrO_4；$6.5 \sim 10.5$；高

六、简答题

1. （1）偏低，Cl^- 在指示剂表面的吸附性能差，终点提前。

（2）偏低，未加硝基苯，消耗 NH_4SCN 标准溶液的体积增大，所以返滴定的结果偏低。

2.

	指示液加入时间	终点颜色变化
直接碘量法	滴定开始时	无色变为深蓝色
间接碘量法	滴定接近终点时	深蓝色消失

模拟卷（四）

一、判断题

1	2	3	4	5	6	7	8	9	10
×	×	√	√	×	√	×	×	×	×

二、单项选择题

1	2	3	4	5	6	7	8	9	10	11	12	13	14	15
A	C	B	A	D	A	C	C	D	A	A	B	D	D	C
16	17	18	19	20	21	22	23	24	25	26	27	28	29	30
C	D	D	D	D	C	B	A	B	D	B	A	B	A	C

三、多项选择题

1	2	3	4	5	6	7	8
ACD	AC	BC	ABE	ABD	BCE	AB	ABCD

四、配伍题

1	2	3	4	5	6	7	8	9	10
D	A	C	B	B	C	A	D	B	A

五、填空题

1. $K_2Cr_2O_7$；高

2. 系统误差；过失误差

3. 邻苯二甲酸氢钾；草酸

4. 直接法；返滴定法；置换滴定法；间接法

5. 荧光黄；曙红

6. 无影响

六、简答题

1. 标定条件为"三度一点"。即（1）温度：$75 \sim 85$ ℃；（2）酸度：用 H_2SO_4 调节，$[H^+]$ 为 $0.5 \sim 1$ $mol \cdot L^{-1}$；（3）滴定速度：慢→快→慢；（4）滴定终点：以为自身指示剂，颜色由无色变为淡红色。

2. 配位滴定中，有以下反应的发生：$M + H_2Y \rightleftharpoons MY + 2H^+$

随着滴定反应的进行，不断释放出 H^+，使溶液的 pH 改变。EDTA 与金属离子生成的配合物的稳定性与溶液酸度有关；溶液中 H^+ 和 OH^- 的存在，会引起 EDTA 的酸效应和金属离子的配位效应等多种副反应的发生；金属指示剂的颜色变化也受到溶液 pH 的影响，因此，配位滴定中常加入缓冲溶液以维持滴定体系的酸度基本不变。

（陈湛娟、周　丹）

附　录

一、元素相对原子质量表（1999 年）

[按照原子序数排列，以 Ar（^{12}C）＝12 为基准]

元素 符号	元素 名称	原子量	元素 符号	元素 名称	原子量	元素 符号	元素 名称	原子量
H	氢	1.00794（7）	Ca	钙	40.078（4）	Y	钇	88.90585（2）
He	氦	4.002602（2）	Sc	钪	44.955912（6）	Zr	锆	91.224（2）
Li	锂	6.941（2）	Ti	钛	47.867（1）	Nb	铌	92.90638（2）
Be	铍	9.012182（3）	V	钒	50.9415（1）	Mo	钼	95.96（2）
B	硼	10.811（7）	Cr	铬	51.9961（6）	Tc	锝	[97.9072]
C	碳	12.0107（8）	Mn	锰	54.938045（5）	Ru	钌	101.07（2）
N	氮	14.0067（2）	Fe	铁	55.845（2）	Rh	铑	102.90550（2）
O	氧	15.9994（3）	Co	钴	58.933195（5）	Pd	钯	106.42（1）
F	氟	18.9984032（5）	Ni	镍	58.6934（4）	Ag	银	107.8682（2）
Ne	氖	20.1797（6）	Cu	铜	63.546（3）	Cd	镉	112.411（8）
Na	钠	22.98976928（2）	Zn	锌	65.38（2）	In	铟	114.818（3）
Mg	镁	24.3050（6）	Ga	镓	69.723（1）	Sn	锡	118.710（7）
Al	铝	26.9815386（8）	Ge	锗	72.64（1）	Sb	锑	121.760（1）
Si	硅	28.0855（3）	As	砷	74.92160（2）	Te	碲	127.60（3）
P	磷	30.973762（2）	Se	硒	78.96（3）	I	碘	126.90447（3）
S	硫	32.065（5）	Br	溴	79.904（1）	Xe	氙	131.293（6）
Cl	氯	35.453（2）	Kr	氪	83.798（2）	Cs	铯	132.9054519（2）
Ar	氩	39.948（1）	Rb	铷	85.4678（3）	Ba	钡	137.327（7）
K	钾	39.0983（1）	Sr	锶	87.62（1）	La	镧	138.90547（7）

（续上表）

元素		原子量	元素		原子量	元素		原子量
符号	名称		符号	名称		符号	名称	
Ce	铈	140.116（1）	Ir	铱	192.217（3）	Cf	锎	［251］
Pr	镨	140.90765（2）	Pt	铂	195.084（9）	Es	锿	［252］
Nd	钕	144.242（3）	Au	金	196.966569（4）	Fm	镄	［257］
Pm	钷	［145］	Hg	汞	200.59（2）	Md	钔	［258］
Sm	钐	150.36（2）	Tl	铊	204.3833（2）	No	锘	［259］
Eu	铕	151.964（1）	Pb	铅	207.2（1）	Lr	铹	［262］
Gd	钆	157.25（3）	Bi	铋	208.98040（1）	Rf	𬬻	［261］
Tb	铽	158.92535（2）	Po	钋	［208.9824］	Db	𬭊	［262］
Dy	镝	162.500（1）	At	砹	［209.9871］	Sg	𬭳	［266］
Ho	钬	164.93032（2）	Rn	氡	［222.0176］	Bh	𬭛	［264］
Er	铒	167.259（3）	Fr	钫	［223］	Hs	𬭶	［277］
Tm	铥	168.93421（2）	Re	镭	［226］	Mt	䥑	［268］
Yb	镱	173.054（5）	Ac	锕	［227］	Ds	𫟼	［271］
Lu	镥	174.9668（1）	Th	钍	232.03806（2）	Rg	𬬭	［272］
Hf	铪	178.49（2）	Pa	镤	231.03588（2）	Uub	＊	［285］
Ta	钽	180.94788（2）	U	铀	238.02891（3）	Uut	＊	［284］
W	钨	183.84（1）	Np	镎	［237］	Uuq	＊	［289］
Re	铼	186.207（1）	Pu	钚	［244］	Uup	＊	［288］
Os	锇	190.23（3）	Am	镅	［243］	Uuh	＊	［292］
			Cm	锔	［247］	Uus	＊	［291］
			Bk	锫	［247］	Uuo	＊	［293］

　　注：录自 1999 年国际原子量表。（　）表示原子量最后一位的不确定性。［　］中的数值为没有稳定同位素的半衰期最长同位素的质量数。

二、常用化合物的相对分子质量表

Ag_3AsO_4	462.52	CaO	56.08	CuI	190.45
$AgBr$	187.77	$CaCO_3$	100.09	$Cu(NO_3)_2$	187.56
$AgCl$	143.32	CaC_2O_4	128.10	$Cu(NO_3)_2 \cdot 3H_2O$	241.60
$AgCN$	133.89	$CaCl_2$	110.99	CuO	79.55
$AgSCN$	165.95	$CaCl_2 \cdot 6H_2O$	219.08	Cu_2O	143.09
Ag_2CrO_4	331.73	$Ca(NO_3)_2 \cdot 4H_2O$	236.15	CuS	95.61
AgI	234.77	$Ca(OH)_2$	74.10	$CuSO_4$	159.06
$AgNO_3$	169.87	$Ca_3(PO_4)_2$	310.18	$CuSO_4 \cdot 5H_2O$	249.68
$AlCl_3$	133.34	$CaSO_4$	136.14	$FeCl_2$	126.75
$AlCl_3 \cdot 6H_2O$	241.43	$CdCO_3$	172.42	$FeCl_2 \cdot 4H_2O$	198.81
$Al(NO_3)_3$	213.00	$CdCl_2$	183.32	$FeCl_3$	162.21
$Al(NO_3)_3 \cdot 9H_2O$	375.13	CdS	144.47	$FeCl_3 \cdot 6H_2O$	270.30
Al_2O_3	101.96	$Ce(SO_4)_2$	332.24	$FeNH_4(SO_4)_2 \cdot 12H_2O$	482.18
$Al(OH)_3$	78.00	$Ce(SO_4)_2 \cdot 4H_2O$	404.30	$Fe(NO_3)_3$	241.86
$Al_2(SO_4)_3$	342.14	$CoCl_2$	129.84	$Fe(NO_3)_3 \cdot 9H_2O$	404.00
$Al_2(SO_4)_3 \cdot 18H_2O$	666.41	$CoCl_2 \cdot 6H_2O$	237.93	FeO	71.85
As_2O_3	197.84	$Co(NO_3)_2$	182.94	Fe_2O_3	159.69
As_2O_5	229.84	$Co(NO_3)_2 \cdot 6H_2O$	291.03	Fe_3O_4	231.54
As_2S_3	246.02	CoS	90.99	$Fe(OH)_3$	106.87
$BaCO_3$	197.34	$CoSO_4$	154.99	FeS	87.91
BaC_2O_4	225.35	$CoSO_4 \cdot 7H_2O$	281.10	Fe_2S_3	207.87
$BaCl_2$	208.24	$CO(NH_2)_2$	60.06	$FeSO_4$	151.91
$BaCl_2 \cdot 2H_2O$	244.27	$CrCl_3$	158.36	$FeSO_4 \cdot 7H_2O$	278.01
$BaCrO_4$	253.32	$CrCl_3 \cdot 6H_2O$	266.45	$Fe(NH_4)_2(SO_4)_2 \cdot 6H_2O$	392.13
BaO	153.33	$Cr(NO_3)_3$	238.01	H_3AsO_3	125.94
$Ba(OH)_2$	171.34	Cr_2O_3	151.99	H_3AsO_4	141.94
$BaSO_4$	233.39	$CuCl$	99.00	H_3BO_3	61.83
$BiCl_3$	315.34	$CuCl_2$	134.45	HBr	80.91
$BiOCl$	260.43	$CuCl_2 \cdot 2H_2O$	170.48	HCN	27.03
CO_2	44.01	$CuSCN$	121.62	$HCOOH$	46.03
CH_3COOH	60.05	KCN	65.12	$MnCl_2 \cdot 4H_2O$	197.91
H_2CO_3	62.03	$KSCN$	97.18	$Mn(NO_3)_2 \cdot 6H_2O$	287.04

（续上表）

$H_2C_2O_4$	90.04	K_2CO_3	138.21	MnO	70.94
$H_2C_2O_4 \cdot 2H_2O$	126.07	K_2CrO_4	194.19	MnO_2	86.94
HCl	36.46	$K_2Cr_2O_7$	294.18	MnS	87.00
HF	20.01	$K_3Fe(CN)_6$	329.25	$MnSO_4$	151.00
HI	127.91	$K_4Fe(CN)_6$	368.35	$MnSO_4 \cdot 4H_2O$	223.06
HIO_3	175.91	$KFe(SO_4)_2 \cdot 12H_2O$	503.24	NO	30.01
HNO_3	63.01	$KHC_2O_4 \cdot H_2O$	146.14	NO_2	46.01
HNO_2	47.01	$KHC_2O_4 \cdot H_2C_2O_4 \cdot 2H_2O$	254.19	NH_3	17.03
H_2O	18.015	$KHC_4H_4O_6$	188.18	CH_3COONH_4	77.08
H_2O_2	34.02	$KHC_8H_4O_4$	204.22	NH_4Cl	53.49
H_3PO_4	98.00	$KHSO_4$	136.16	$(NH_4)_2CO_3$	96.09
H_2S	34.08	KI	166.00	$(NH_4)_2C_2O_4$	124.10
H_2SO_3	82.07	KIO_3	214.00	$(NH_4)_2C_2O_4 \cdot H_2O$	142.11
H_2SO_4	98.07	$KIO_3 \cdot HIO_3$	389.91	NH_4SCN	76.12
$Hg(CN)_2$	252.63	$KMnO_4$	158.03	NH_4HCO_3	79.06
$HgCl_2$	271.50	$KNaC_4H_4O_6 \cdot H_2O$	282.22	$(NH_4)_2MoO_4$	196.01
Hg_2Cl_2	472.09	KNO_3	101.10	NH_4NO_3	80.04
HgI_2	454.40	KNO_2	85.10	$(NH_4)_2HPO_4$	132.13
$Hg_2(NO_3)_2$	525.19	KOH	56.11	$(NH_4)_2S$	68.14
$Hg_2(NO_3)_2 \cdot 2H_2O$	561.22	K_2SO_4	174.25	$(NH_4)_2SO_4$	132.13
$Hg(NO_3)_2$	324.60	$MgCO_3$	84.31	NH_4VO_3	116.98
HgO	216.59	$MgCl_2$	95.21	$NaAsO_3$	191.89
HgS	232.65	$MgCl_2 \cdot 6H_2O$	203.30	$Na_2B_4O_7$	201.22
$HgSO_4$	296.65	MgC_2O_4	112.33	$Na_2B_4O_7 \cdot 10H_2O$	381.37
Hg_2SO_4	497.24	$Mg(NO_3)_2 \cdot 6H_2O$	256.41	$NaBiO_3$	279.97
$KAl(SO_4)_2 \cdot 12H_2O$	474.38	$MgNH_4PO_4$	137.32	NaCN	49.01
KBr	119.00	MgO	40.30	NaSCN	81.07
$KBrO_3$	167.00	$Mg(OH)_2$	58.32	Na_2CO_3	105.99
KCl	74.55	$Mg_2P_2O_7$	222.55	$Na_2CO_3 \cdot 10H_2O$	286.14
$KClO_3$	122.55	$MgSO_4 \cdot 7H_2O$	246.47	$Na_2C_2O_4$	134.00
$KClO_4$	138.55	$MnCO_3$	114.95	CH_3COONa	82.03
$CH_3COONa \cdot 3H_2O$	136.08	P_2O_5	141.95	$SnCl_2 \cdot 2H_2O$	225.63
NaCl	58.44	$PbCO_3$	267.21	$SnCl_4$	260.50
NaClO	74.44	PbC_2O_4	295.22	$SnCl_4 \cdot 5H_2O$	350.58

（续上表）

$NaHCO_3$	84.01	$PbCl_2$	278.11	SnO_2	150.69
$Na_2HPO_4 \cdot 12H_2O$	358.14	$PbCrO_4$	323.19	SnS_2	150.75
$Na_2H_2Y \cdot 2H_2O$	372.24	$Pb(CH_3COO)_2$	325.29	$SrCO_3$	147.63
$NaNO_2$	69.00	$Pb(CH_3COO)_2 \cdot 3H_2O$	379.34	SrC_2O_4	175.64
$NaNO_3$	85.00	PbI_2	461.01	$SrCrO_4$	203.61
Na_2O	61.98	$Pb(NO_3)_2$	331.21	$Sr(NO_3)_2$	211.63
Na_2O_2	77.98	PbO	223.20	$Sr(NO_3)_2 \cdot 4H_2O$	283.69
$NaOH$	40.00	PbO_2	239.20	$SrSO_4$	183.69
Na_3PO_4	163.94	$Pb_3(PO_4)_2$	811.54	$UO_2(CH_3COO)_2 \cdot 2H_2O$	424.15
Na_2S	78.04	PbS	239.26	$ZnCO_3$	125.39
$Na_2S \cdot 9H_2O$	240.18	$PbSO_4$	303.26	ZnC_2O_4	153.40
Na_2SO_3	126.04	SO_3	80.06	$ZnCl_2$	136.29
Na_2SO_4	142.04	SO_2	64.06	$Zn(CH_3COO)_2$	183.47
$Na_2S_2O_3$	158.10	$SbCl_3$	228.11	$Zn(CH_3COO)_2 \cdot 2H_2O$	219.50
$Na_2S_2O_3 \cdot 5H_2O$	248.17	$SbCl_5$	299.02	$Zn(NO_3)_2$	189.39
$NiCl_2 \cdot 6H_2O$	237.70	Sb_2O_3	291.50	$Zn(NO_3)_2 \cdot 6H_2O$	297.48
NiO	74.70	Sb_2S_3	339.68	ZnO	81.38
$Ni(NO_3)_2 \cdot 6H_2O$	290.80	SiF_4	104.08	ZnS	97.44
NiS	90.76	SiO_2	60.08	$ZnSO_4$	161.44
$NiSO_4 \cdot 7H_2O$	280.86	$SnCl_2$	189.60	$ZnSO_4 \cdot 7H_2O$	287.55

三、弱酸的解离常数（25 ℃）

酸化合物	分步	K_a	pK_a
砷酸	1	5.8×10^{-3}	2.24
	2	1.1×10^{-7}	6.96
	3	3.2×10^{-12}	11.50
亚砷酸		5.1×10^{-10}	9.29
硼酸	1	5.81×10^{-10}	9.236
碳酸	1	4.47×10^{-7}	6.35
	2	4.68×10^{-11}	10.33
氢氟酸	—	6.31×10^{-4}	3.20
氢氰酸	—	6.16×10^{-10}	9.21
氢硫酸	1	8.91×10^{-8}	7.05
	2	1.12×10^{-12}	11.95
过氧化氢	—	2.4×10^{-12}	11.62
次溴酸	—	2.8×10^{-9}	8.55
次氯酸	—	4.0×10^{-8}	7.40
次碘酸	—	3.2×10^{-11}	10.50
碘酸	—	1.7×10^{-1}	0.78
亚硝酸	—	5.6×10^{-4}	3.25
高碘酸	—	2.3×10^{-2}	1.64
磷酸	1	6.92×10^{-3}	2.16
	2	6.23×10^{-8}	7.21
	3	4.79×10^{-13}	12.32
硫酸	2	1.0×10^{-2}	1.99
亚硫酸	1	1.4×10^{-2}	1.85
	2	6.3×10^{-8}	7.20
铵离子	—	5.62×10^{-10}	9.25
甲酸	1	1.80×10^{-4}	3.745
乙（醋）酸	1	1.75×10^{-5}	4.757
丙酸	1	1.4×10^{-5}	4.86
一氯乙酸	1	1.4×10^{-3}	2.85
草酸	1	5.9×10^{-2}	1.23
	2	6.5×10^{-5}	4.19
柠檬酸	1	7.2×10^{-4}	3.14

（续上表）

酸化合物	分步	K_a	pK_a
	2	1.7×10^{-5}	4.77
	3	4.1×10^{-7}	6.39
乳酸	1	1.4×10^{-4}	3.86
乙胺盐酸盐	1	2.0×10^{-11}	10.70
苯甲酸	1	6.5×10^{-5}	4.19
苯酚	1	1.3×10^{-10}	9.89
邻苯二甲酸	1	1.12×10^{-3}	2.950
	2	3.90×10^{-6}	5.408

四、标准电极电势表（298.15 K）

半反应	$\varphi^{\ominus}$/V	半反应	$\varphi^{\ominus}$/V
$Li^+ + e^- \rightleftharpoons Li$	-3.0401	$Cu^{2+} + e^- \rightleftharpoons Cu^+$	0.153
$K^+ + e^- \rightleftharpoons K$	-2.931	$SO_4^{2-} + 4H^+ + 2e^- \rightleftharpoons H_2SO_3 + H_2O$	0.172
$Ba^{2+} + 2e^- \rightleftharpoons Ba$	-2.912	$AgCl + e^- \rightleftharpoons Ag + Cl^-$	0.222 3
$Ca^{2+} + 2e^- \rightleftharpoons Ca$	-2.868	$Hg_2Cl_2 + 2e^- \rightleftharpoons 2Hg + 2Cl^-$	0.2688 08
$Na^+ + e^- \rightleftharpoons Na$	-2.71	$Cu^{2+} + 2e^- \rightleftharpoons Cu$	0.3419
$Mg^{2+} + 2e^- \rightleftharpoons Mg$	-2.70	$[Ag(NH_3)_2]^+ + e^- \rightleftharpoons Ag + 2NH_3$	0.373
$Al^{3+} + 3e^- \rightleftharpoons Al$	-1.662	$O_2 + 2H_2O + 4e^- \rightleftharpoons 4OH^-$	0.401
$Mn^{2+} + 2e^- \rightleftharpoons Mn$	-1.185	$I_2 + 2e^- \rightleftharpoons 2I^-$	0.5355
$2H_2O + 2e^- \rightleftharpoons H_2 + 2OH^-$	-0.8277	$MnO_4^- + e^- \rightleftharpoons MnO_4^{2-}$	0.558
$Zn^{2+} + 2e^- \rightleftharpoons Zn$	-0.7618	$AsO_4^{3-} + 2H^+ + 2e^- \rightleftharpoons AsO_3^{2-} + H_2O$	0.559
$Cr^{3+} + 3e^- \rightleftharpoons Cr$	-0.744	$H_3AsO_4 + 2H^+ + 2e^- \rightleftharpoons HAsO_2 + 2H_2O$	0.560
$AsO_4^{3-} + 2H_2O + 2e^- \rightleftharpoons AsO_2^- + 4OH^-$	-0.71	$MnO_4^- + 2H_2O + 3e^- \rightleftharpoons MnO_2 + 4OH^-$	0.595
$2CO_2 + 2H^+ + 2e^- \rightleftharpoons H_2C_2O_4$	-0.49	$O_2 + 2H^+ + 2e^- \rightleftharpoons H_2O_2$	0.695
$S + 2e^- \rightleftharpoons S^{2-}$	-0.47627	$Fe^{3+} + e^- \rightleftharpoons Fe^{2+}$	0.771
$Cr^{3+} + e^- \rightleftharpoons Cr^{2+}$	-0.407	$Ag^+ + e^- \rightleftharpoons Ag$	0.7996
$Fe^{2+} + 2e^- \rightleftharpoons Fe$	-0.447	$Hg^{2+} + 2e^- \rightleftharpoons Hg$	0.851
$Cd^{2+} + 2e^- \rightleftharpoons Cd$	-0.4030	$2Hg^{2+} + 2e^- \rightleftharpoons Hg_2^{2+}$	0.920
$Tl^+ + e^- \rightleftharpoons Tl$	-0.336	$Br_2(l) + 2e^- \rightleftharpoons 2Br^-$	1.066
$[Ag(CN)_2]^- + e^- \rightleftharpoons Ag + 2CN^-$	-0.31	$2IO_3^- + 12H^+ + 10e^- \rightleftharpoons I_2 + 6H_2O$	1.195
$Co^{2+} + 2e^- \rightleftharpoons Co$	-0.28	$O_2 + 4H^+ + 4e^- \rightleftharpoons 2H_2O$	1.229
$Ni^{2+} + 2e^- \rightleftharpoons Ni$	-0.257	$Cr_2O_7^{2-} + 14H^+ + 6e^- \rightleftharpoons 2Cr^{3+} + 7H_2O$	1.232
$V^{3+} + e^- \rightleftharpoons V^{2+}$	-0.255	$Tl^{3+} + 2e^- \rightleftharpoons Tl^+$	1.252
$AgI + e^- \rightleftharpoons Ag + I^-$	-0.15224	$Cl_2(g) + 2e^- \rightleftharpoons 2Cl^-$	1.358 27
$Sn^{2+} + 2e^- \rightleftharpoons Sn$	-0.1375	$MnO_4^- + 8H^+ + 5e^- \rightleftharpoons Mn^{2+} + 4H_2O$	1.507
$Pb^{2+} + 2e^- \rightleftharpoons Pb$	-0.1262	$MnO_4^- + 4H^+ + 3e^- \rightleftharpoons MnO_2 + 2H_2O$	1.679
$Fe^{3+} + 3e^- \rightleftharpoons Fe$	-0.037	$Au^+ + e^- \rightleftharpoons Au$	1.692
$Ag_2S + 2H^+ + 2e^- \rightleftharpoons 2Ag + H_2S$	-0.0366	$Ce^{4+} + e^- \rightleftharpoons Ce^{3+}$	1.72
$2H^+ + 2e^- \rightleftharpoons H_2$	0.00000	$H_2O_2 + 2H^+ + 2e^- \rightleftharpoons 2H_2O$	1.776
$AgBr + e^- \rightleftharpoons Ag + Br^-$	0.07133	$Co^{3+} + e^- \rightleftharpoons Co^{2+}$	1.92
$S_4O_6^{2-} + 2e^- \rightleftharpoons 2S_2O_3^{2-}$	0.08	$S_2O_8^{2-} + 2e^- \rightleftharpoons 2SO_4^{2-}$	2.010
$Sn^{4+} + 2e^- \rightleftharpoons Sn^{2+}$	0.151	$F_2 + 2e^- \rightleftharpoons 2F^-$	2.866

五、难溶化合物的溶度积常数（298.15K）

化合物	K_{sp}	pK_{sp}	化合物	K_{sp}	pK_{sp}	化合物	K_{sp}	pK_{sp}
AgAc	1.94×10^{-3}	2.71	CdF_2	6.44×10^{-3}	2.19	MgF_2	5.16×10^{-11}	10.29
AgBr	5.38×10^{-13}	12.27	$Cd(IO_3)_2$	2.50×10^{-8}	7.60	$Mg(OH)_2$	5.61×10^{-12}	11.25
$AgBrO_3$	5.34×10^{-5}	4.27	$Cd(OH)_2$	7.20×10^{-15}	14.14	$Mg_3(PO_4)_2$	1.04×10^{-24}	23.98
AgCN	5.97×10^{-17}	16.22	CdS	1.40×10^{-29}	28.85	$MnCO_3$	2.24×10^{-11}	10.65
AgCl	1.77×10^{-10}	9.75	$Cd_3(PO_4)_2$	2.53×10^{-33}	32.60	$Mn(IO_3)_2$	4.37×10^{-7}	6.36
AgI	8.51×10^{-17}	16.07	$Co_3(PO_4)_2$	2.05×10^{-35}	34.69	$Mn(OH)_2$	2.06×10^{-13}	12.69
$AgIO_3$	3.17×10^{-8}	7.50	CuBr	6.27×10^{-9}	8.20	MnS	4.65×10^{-14}	13.33
AgSCN	1.03×10^{-12}	11.99	CuC_2O_4	4.43×10^{-10}	9.35	$NiCO_3$	1.42×10^{-7}	6.85
Ag_2CO_3	8.46×10^{-12}	11.07	CuCl	1.72×10^{-7}	6.76	$Ni(IO_3)_2$	4.71×10^{-5}	4.33
$Ag_2C_2O_4$	5.40×10^{-12}	11.27	CuI	1.27×10^{-12}	11.90	$Ni(OH)_2$	5.48×10^{-16}	15.26
Ag_2CrO_4	1.12×10^{-12}	11.95	CuS	1.27×10^{-36}	35.90	NiS	1.07×10^{-21}	20.97
Ag_2S	6.69×10^{-50}	49.17	CuSCN	1.77×10^{-13}	12.75	$Ni_3(PO_4)_2$	4.73×10^{-32}	31.33
Ag_2SO_3	1.50×10^{-14}	13.82	Cu_2S	2.26×10^{-48}	47.64	$PbCO_3$	7.40×10^{-14}	13.13
Ag_2SO_4	1.20×10^{-5}	4.92	$Cu_3(PO_4)_2$	1.40×10^{-37}	36.86	$PbCl_2$	1.70×10^{-5}	4.77
Ag_3AsO_4	1.03×10^{-22}	21.99	$FeCO_3$	3.13×10^{-11}	10.50	PbF_2	3.30×10^{-8}	7.48
Ag_3PO_4	8.88×10^{-17}	16.05	FeF_2	2.36×10^{-6}	5.63	PbI_2	9.80×10^{-9}	8.01
$Al(OH)_3$	1.1×10^{-33}	32.97	$Fe(OH)_2$	4.87×10^{-17}	16.31	$PbSO_4$	2.53×10^{-8}	7.60
$AlPO_4$	9.84×10^{-21}	20.01	$Fe(OH)_3$	2.79×10^{-39}	38.55	PbS	9.04×10^{-29}	28.04
$BaCO_3$	2.58×10^{-9}	8.59	FeS	1.59×10^{-19}	18.80	$Pb(OH)_2$	1.43×10^{-20}	19.84
$BaCrO_4$	1.17×10^{-10}	9.93	HgI_2	2.90×10^{-29}	28.54	$Sn(OH)_2$	5.45×10^{-27}	26.26
BaF_2	1.84×10^{-7}	6.74	$Hg(OH)_2$	3.13×10^{-26}	25.50	SnS	3.25×10^{-28}	27.49
$Ba(IO_3)_2$	4.01×10^{-9}	8.40	HgS(黑)	6.44×10^{-53}	52.19	$SrCO_3$	5.60×10^{-10}	9.25
$BaSO_4$	1.08×10^{-10}	9.97	Hg_2Br_2	6.40×10^{-23}	22.19	SrF_2	4.33×10^{-9}	8.36

（续上表）

化合物	K_{sp}	pK_{sp}	化合物	K_{sp}	pK_{sp}	化合物	K_{sp}	pK_{sp}
$BiAsO_4$	4.43×10^{-10}	9.35	Hg_2CO_3	3.60×10^{-17}	16.44	$Sr(IO_3)_2$	1.14×10^{-7}	6.94
Bi_2S_3	1.82×10^{-99}	98.74	$Hg_2C_2O_4$	1.75×10^{-13}	12.76	$SrSO_4$	3.44×10^{-7}	6.46
CaC_2O_4	2.32×10^{-9}	8.63	Hg_2Cl_2	1.43×10^{-18}	17.84	$Sr_3(AsO_4)_2$	4.29×10^{-19}	18.37
$CaCO_3$	3.36×10^{-9}	8.47	Hg_2F_2	3.10×10^{-6}	5.51	$ZnCO_3$	1.46×10^{-10}	9.83
CaF_2	3.45×10^{-10}	9.46	Hg_2I_2	5.20×10^{-29}	28.28	ZnF_2	3.04×10^{-2}	1.52
$Ca(IO_3)_2$	6.47×10^{-6}	5.19	Hg_2SO_4	6.50×10^{-7}	6.18	$Zn(OH)_2$	3.10×10^{-17}	16.51
$Ca(OH)_2$	5.02×10^{-6}	5.30	$KClO_4$	1.05×10^{-2}	1.98	$Zn(IO_3)_2$	4.29×10^{-6}	5.37
$CaSO_4$	4.93×10^{-5}	4.31	$K_2[PtCl_6]$	7.48×10^{-6}	5.13	ZnS	2.93×10^{-25}	24.53
$Ca_3(PO_4)_2$	2.53×10^{-33}	32.60	Li_2CO_3	8.15×10^{-4}	3.09			
$CdCO_3$	1.00×10^{-12}	12.00	$MgCO_3$	6.82×10^{-6}	5.17			

六、常用容量仪器的容量允差

表1 常用移液管的规格

标称容量/mL		5	10	20	25	50	100
容量允差/mL	A	±0.015	±0.020	±0.025	±0.030	±0.05	±0.08
	B	±0.030	±0.040	±0.050	±0.060	±0.10	±0.16

表2 常用吸量管的规格

标称容量/mL		1	2	5	10	25	50
容量允差/mL	A	±0.008	±0.012	±0.025	±0.050	±0.10	±0.10
	B	±0.015	±0.025	±0.050	±0.10	±0.20	±0.20

表3 常用容量瓶的规格

标称容量/mL		10	25	50	100	200	250	500	1000
容量允差/mL	A	±0.020	±0.030	±0.050	±0.10	±0.15	±0.15	±0.25	±0.40
	B	±0.040	±0.060	±0.10	±0.20	±0.30	±0.30	±0.50	±0.80

表4 常用滴定管的规格

标称容量/mL		5	10	25	50	100
容量允差/mL	A	±0.010	±0.025	±0.040	±0.05	±0.10
	B	±0.020	±0.050	±0.080	±0.10	±0.20

七、常用基准物质及其使用条件

基准物质名称	分子式	干燥后组成	干燥条件	标定对象
无水碳酸氢钠	$NaHCO_3$	Na_2CO_3	$270 \sim 300\ ℃$	酸
十水合碳酸钠	$Na_2CO_3 \cdot 10H_2O$	Na_2CO_3	$270 \sim 300\ ℃$	酸
硼砂	$Na_2B_4O_7 \cdot 10H_2O$	$Na_2B_4O_7 \cdot 10H_2O$	放在装有 NaCl 和蔗糖饱和溶液的干燥器中	酸
二水合草酸	$H_2C_2O_4 \cdot 2H_2O$	$H_2C_2O_4 \cdot 2H_2O$	室温空气干燥	碱或高锰酸钾
邻苯二甲酸氢钾	$KHC_8H_4O_4$	$KHC_8H_4O_4$	$110 \sim 120\ ℃$	碱
重铬酸钾	$K_2Cr_2O_7$	$K_2Cr_2O_7$	$140 \sim 150\ ℃$	还原剂
溴酸钾	$KBrO_3$	$KBrO_3$	$130\ ℃$	还原剂
碘酸钾	KIO_3	KIO_3	$130\ ℃$	还原剂
铜	Cu	Cu	室温干燥器中保存	还原剂
三氧化二砷	As_2O_3	As_2O_3	室温干燥器中保存	氧化剂
草酸钠	$Na_2C_2O_4$	$Na_2C_2O_4$	$130\ ℃$	氧化剂
锌	Zn	Zn	室温干燥器中保存	EDTA
氧化锌	ZnO	ZnO	$900 \sim 1\,000\ ℃$	EDTA
氯化钠	$NaCl$	$NaCl$	$500 \sim 600\ ℃$	$AgNO_3$
氯化钾	KCl	KCl	$500 \sim 6\,000\ ℃$	$AgNO_3$
硝酸银	$AgNO_3$	$AgNO_3$	$220 \sim 250\ ℃$	氯化物

八、常用指示剂

1. 酸碱指示剂

指示剂	变色范围*pH	颜色变化	pK_{HIn}	浓度	用量（滴/10毫升试液）
百里酚蓝	1.2～2.8	红～黄	1.65	0.1%的20%乙醇溶液	1～2
甲基黄	2.9～4.0	红～黄	3.25	0.1%的90%乙醇溶液	1
甲基橙	3.1～4.4	红～黄	3.45	0.05%的水溶液	1
溴酚蓝	3.0～4.6	黄～紫	4.1	0.1%的20%乙醇溶液或其钠盐水溶液	1
溴甲酚绿	4.0～5.6	黄～蓝	4.9	0.1%的20%乙醇溶液或其钠盐水溶液	1～3
甲基红	4.4～6.2	红～黄	5.0	0.1%的60%乙醇溶液或其钠盐水溶液	1
溴百里酚蓝	6.2～7.6	黄～蓝	7.3	0.1%的20%乙醇溶液或其钠盐水溶液	1
中性红	6.8～8.0	红～黄橙	7.4	0.1%的60%乙醇溶液	1
苯酚红	6.8～8.4	黄～红	8.0	0.1%的60%乙醇溶液或其钠盐水溶液	1
酚酞	8.0～10.0	无～红	9.1	0.5%的90%乙醇溶液	1
百里酚蓝	8.0～9.6	黄～蓝	8.9	0.1%的20%乙醇溶液	1～4
百里酚酞	9.4～10.6	无～蓝	10.0	0.1%的90%乙醇溶液	1～2

*指室温下，水溶液中各种指示剂的变色范围。实际上，当温度改变或溶剂不同时，指示剂的变色范围将有变动。另外，溶液中盐类的存在也会影响指示剂的变色范围。

2. 金属指示剂

名称	配制	元素	颜色变化	测定条件
酸性铬蓝 K	0.1%乙醇溶液	Ca	红～蓝	pH = 12
		Mg	红～蓝	pH = 10（氨性缓冲溶液）
钙指示剂	与 NaCl 配成 1：100 的固体混合物	Ca	酒红～蓝	pH > 12（KOH 或 NaOH）
铬黑T	与 NaCl 配成 1：100 的固体混合物。或将 0.5 g 铬黑 T 溶于含有 25 mL 三乙醇胺及 75 mL 无水乙醇的溶液中	Al	蓝～红	pH7～8，吡啶存在下，以 Zn^{2+} 离子回滴
		Bi	蓝～红	pH9～10，以 Zn^{2+} 离子回滴
		Ca	红～蓝	pH = 10，加入 EDTA－Mg
		Cd	红～蓝	pH = 10（氨性缓冲溶液）
		Mg	红～蓝	pH = 10（氨性缓冲溶液）
		Mn	红～蓝	氨性缓冲溶液，加羟胺
		Ni	红～蓝	氨性缓冲溶液
		Pb	红～蓝	氨性缓冲溶液，加酒石酸钾
		Zn	红～蓝	pH6.8～10（氨性缓冲溶液）

（续上表）

名称	配制	元素	颜色变化	测定条件
O—PAN	0.1% 乙醇（或甲醇溶液）	Cd	红～黄	pH=6（乙酸缓冲溶液）
		Co	黄～红	乙酸缓冲溶液，70～80℃，以Cu^{2+}离子回滴
		Cu	紫～黄	pH=10（氨性缓冲溶液）
			红～黄	pH=6（乙酸缓冲溶液）
		Zn	粉红～黄	pH=5～7（乙酸缓冲溶液）
磺基水杨酸	1%～2%水溶液	Fe（Ⅲ）	红紫～黄	pH=1.5～3
二甲酚橙	0.5%乙醇（或）水溶液	Bi	红～黄	pH=1～2（HNO_3）
		Cd	粉红～黄	pH=5～6（六次甲基四胺）
		Pb	红紫～黄	pH=5～6（六次甲基四胺）
		Th（Ⅳ）	红～黄	pH=1.6～3.5（HNO_3）
		Zn	红～黄	pH=5～6（乙酸缓冲溶液）

3. 氧化还原指示剂

名称	配制	φ^{θ}/V（pH=0）	氧化型颜色	还原型颜色
二苯胺	1%浓硫酸溶液	+0.76	紫	无色
二苯胺磺酸钠	0.2%水溶液	+0.85	红紫	无色
邻苯氨基苯甲酸	0.2%水溶液	+0.89	红紫	无色

九、分析化学实验操作考核表

盐酸溶液的配制与标定

项目		评分内容	评分标准	评分
称量 （20分）	台秤	使用称量瓶称量	2	
		清零	2	
		左物右码	2	
		药品不撒落	2	
		砝码、游码回零	2	
	分析天平	清零	2	
		药品不撒落	2	
		关门称量	2	
		用瓶盖轻轻敲打瓶底	2	
		所有仪器还原、仪器使用记录	2	
溶液的配制 （28分）	溶解	加 20～30 mL 蒸馏水溶解	3	
	转移	玻璃棒引流	3	
		洗涤烧杯 2～3 次	3	
		洗瓶的使用	3	
	定容	滴管的使用	3	
		正视	3	
		加到刚好与液面相切	5	
		摇匀	5	
滴定操作 （40分）	移液管	润洗	5	
		吸液	5	
		放液	5	
	滴定管	润洗	5	
		装液，排气泡，调至 0.00 mL	5	
		滴定速度	5	
		滴定终点的判断，橙色	10	
数据记录与处理 （12分）	台秤	0.4～0.6 g 的范围	2	
	分析天平	0.4000～0.6000 g 的范围	4	
	滴定管	记录至 0.01 mL	2	
	计算结果	保留四位有效数字	4	
合计			100	

（周　丹）

参考文献

[1] 邹学贤. 分析化学 [M]. 北京：人民卫生出版社，2006.

[2] 柴逸峰，邸欣. 分析化学 [M]. 8 版. 北京：人民卫生出版社，2016.

[3] 毋福海. 分析化学 [M]. 北京：人民卫生出版社，2015.

[4] 胡琴，祁嘉义. 基础化学 [M]. 3 版. 北京：高等教育出版社，2015.

[5] 姜凤超，张天蓝. 无机化学 [M]. 6 版. 北京：人民卫生出版社，2011.

[6] 孙毓庆. 分析化学实验 [M]. 北京：人民卫生出版社，1994.

[7] 武汉大学化学与分子科学学院实验中心. 分析化学实验 [M]. 武汉：武汉大学出版社，2003.

[8] 黄杉生. 分析化学实验 [M]. 北京：科学出版社，2008.

[9] 彭晓文，程玉红. 分析化学实验 [M]. 北京：中国铁道出版社，2014.

[10] 陈焕光. 分析化学实验 [M]. 2 版. 广州：中山大学出版社，1998.

[11] 孙建之，张存兰，杨敏，等. 分析化学实验 [M]. 北京：化学工业出版社，2014.

[12] 张加玲. 分析化学实验 [M]. 2 版. 北京：人民卫生出版社，2015.

[13] 黄朝表，潘祖亭. 分析化学实验 [M]. 北京：科学出版社，2013.

[14] 赵红艳. 分析化学实验 [M]. 北京：化学工业出版社，2014.

[15] 翟颖，周洪洋. 分析化学综合实验 [M]. 合肥：合肥工业大学出版社，2014.

[16] 王慕华，沈秋仙. 分析化学实验 [M]. 大连：大连海事大学出版社，2013.

[17] 符小文，李泽友. 药学专业实验教程 [M]. 修订版. 北京：中国医药科技出版社，2014.

[18] 钱士匀. 医学检验技术专业实验教程 [M]. 北京：中国医药科技出版社，2011.

[19] 郭明星，于颖. 分析化学实验 [M]. 大连：大连海事大学出版社，2014.

[20] 周嘉华，倪莉. 化学中的火眼金睛：现代分析技术 [M]. 上海：上海科技教育出版社，2001.

[21] 武汉大学. 分析化学 [M]. 5 版. 北京：高等教育出版社，2006.

[22] 徐慧，徐强. 酸碱指示剂的发展方向 [J]. 化学教育，2010，9：3～5.

[23] 李明梅，王文渊，吴琼林. 分析化学 [M]. 武汉：华中科技大学出版社，2013.

[24] 胡亚东. 世界著名科学家传记：化学家 Ⅱ [M]. 北京：科学出版社，1992.